蜕变

女性的职场领导力守则

[英]凯蒂·默里(Katy Murray)◎著

王文蒲◎译

Change Makers

A Woman's Guide to Stepping Up Without Burning Out at Work

中国科学技术出版社

·北　京·

Change Makers: A Woman's Guide to Stepping Up Without Burning Out at Work by Katy Murray, ISBN: 9781398605060

© Katy Murray, 2022

All rights reserved.

This translation of Organizing for the New Normal is published by arrangement with Kogan Page.

Simplified Chinese translation copyright © 2023 by China Science and Technology Press Co., Ltd.

北京市版权局著作权合同登记　图字：01-2022-2598

图书在版编目（CIP）数据

蜕变：女性的职场领导力守则 /（英）凯蒂·默里
（Katy Murray）著；王文蒲译 . —北京：中国科学技术出版社，
2024.1

书名原文：Change Makers: A Woman's Guide to
Stepping Up Without Burning Out at Work

ISBN 978-7-5236-0075-7

Ⅰ . ①蜕… Ⅱ . ①凯… ②王… Ⅲ . ①女性—成功心
理—通俗读物 Ⅳ . ① B848.4-49

中国国家版本馆 CIP 数据核字（2023）第 206578 号

策划编辑	申永刚　屈昕雨	责任编辑	申永刚
封面设计	仙境设计	版式设计	蚂蚁设计
责任校对	焦　宁	责任印制	李晓霖

出　　版	中国科学技术出版社
发　　行	中国科学技术出版社有限公司发行部
地　　址	北京市海淀区中关村南大街 16 号
邮　　编	100081
发行电话	010-62173865
传　　真	010-62173081
网　　址	http://www.cspbooks.com.cn

开　　本	880mm×1230mm　1/32
字　　数	190 千字
印　　张	9.5
版　　次	2024 年 1 月第 1 版
印　　次	2024 年 1 月第 1 次印刷
印　　刷	河北鹏润印刷有限公司
书　　号	ISBN 978-7-5236-0075-7/B·152
定　　价	69.00 元

（凡购买本社图书，如有缺页、倒页、脱页者，本社发行部负责调换）

献给伊迪和诺拉

全书简介

本书将向您介绍为自己赋能的各种方法。

有了这本书，就犹如在您的衣兜装了一位迷你版凯蒂。每当您需要力量、智慧之言和洞察力时，您只需要将她拿出来！

小凯蒂是一只喜鹊，她发现了闪闪发光的智慧珠宝，并汇集了许多不同领域的智慧和美。

本书将助您在职场中持续变革，永不倦怠！

CONTENTS

绪 言 / 001

◆ 发现身边的障碍之墙，找到自己的位置 / 004

◆ 团结的力量 / 005

◆ 维持自身变革的力量 / 006

◆ 有关多元交叉、特权和多元对象 / 007

◆ 模型并非万能，但却非常有用 / 010

◆ 你是一个变革者 / 011

◆ 思维训练、习惯的力量、实践的作用 / 015

◆ 接下来是什么内容？请看以下全书概览 / 016

◆ 本书使用指南 / 017

◆ 你准备好开始阅读本书了吗？ / 018

第一章　变革的智慧："你是谁？你为何在这里？" / 021

◆ 大脑的认知习惯 / 021

◆ 内心对话 / 025

◆ 情绪：人体的信息中心 / 030

◆ 你的内心对话：强化性信念和限制性信念 / 032

◆ 大脑的威胁反应与负面偏见 / 033

◆ 思维性错误 / 034

◆ 重置中枢神经系统 / 037

◆ 本章小结 / 040

第二章 变革的自我意识："你在哪里？" / 047

◆ 调节频道 / 048

◆ 增强领导力与强化变革者身份 / 060

◆ 人生四季 / 066

◆ 本章小结 / 073

第三章 机遇创造韧性："你还好吗？" / 081

◆ 你上次小憩是在何时？ / 081

◆ 忙碌使我们线性单一的时间观转变为弹性多元的时间观 / 083

◆ 从时间管理到精力管理，检查自己的"电池" / 088

◆ 你的整体韧性图 / 094

◆ 微复原 / 097

◆ 处于最佳状态的自己——自我发展的可视化 / 100

◆ 为成功打下基础的节奏和习惯 / 103

◆ 本章小结 / 109

第四章　变革计划"你想要什么？"/ 117

◆　深入了解自己的欲望 / 118

◆　做让自己感到快乐的事 / 125

◆　学会判断什么时候才应该回答"好的" / 128

◆　你的人生目标是什么？/ 132

◆　描绘变革工作的环境 / 137

◆　本章小结 / 142

第五章　变革的重点："如何实现变革？"/ 147

◆　首先，让我们谈谈"自夸" / 148

◆　如何实现目标？/ 150

◆　分解目标 / 152

◆　从这种大局观的规划工作中抽身出来 / 154

◆　保持正轨 / 160

◆　如何应对自己的发现？/ 167

◆　本章小结 / 181

第六章　破除变革屏障"你以为自己是谁？！"/ 187

◆　戴上"眼镜" / 188

◆　微歧视 / 197

◆　下面让我们来聊一聊特权 / 199

◆　自我检视 / 203

♦ 作为变革者，我们应该如何理解上述情形？我们能够做些什么？ / 209

♦ 本章小结 / 226

第七章　变革的生态系统：提高你的关注度 / 233

♦ 个人关注度 / 234

♦ 加速构建你的人际关系生态系统 / 244

♦ 支持＋问责制＝变革者的魔法！ / 252

♦ 本章小结 / 261

第八章　变革影响：齐心协力，构建自己热爱的变革生活——持续变革而不倦怠 / 267

♦ 重新思考职场世界会是什么样子？ / 268

♦ 记住自己是一个变革者！ / 271

♦ 面对阻力，如何应对？ / 276

♦ 如果我们在权力之桌上没有一席之地 / 278

♦ 我们的希望量表 / 279

♦ 是什么在消磨我们的精力和希望？ / 281

♦ 选择成长型思维：你是否肩负了太多的责任？ / 288

♦ 调动你的变革才华！ / 289

♦ 本章小结 / 292

绪　言

　　如果说你是来帮助我的，那么你无须再浪费时间。如果说你的到来是因为我俩的命运休戚相关，那就让我们一起努力吧！

——莉拉·沃森（Lilla Watson）

　　欢迎您，变革！

　　有一片森林，由一座巨大的塔楼守卫。塔顶坐着一位女哨兵，她喝着茶，目光搜寻着往来的行人。她准备了两个问题，要询问所有路人。她等待着、准备着，要用她最响亮的声音说出这两个问题。

　　一天，一个女人踏上了冒险的旅途。她看到远处的塔，看到后面茂密的森林，带着恐惧和好奇，女人走近了这座塔。女人听说塔里坐着一位女哨兵，等待与路人分享她的智慧。

　　当女人走得更近一点后，她看见女哨兵一跃而起，打翻了茶水。

女哨兵问了两个问题：

"你是谁？"

"你为什么在这里？"

赶路的女人停下脚步，坐了下来。

女人问女哨兵："你向每个路人发问，他们给你多少报酬？"

女哨兵告知了报酬金额。

女人道："这样，你如果每天早上来找我，问我这两个问题，我付给你三倍的酬劳。"

而"我是谁？"和"我为什么在这里？"这两个强有力的问题，正是本书的核心所在。我的工作就是指导女性进行自我变革，在这个过程中，我留意到一个现象，那就是我们的每一次对话，归根结底都是在探讨这两个核心问题。

如果你已开始翻阅本书，那么有可能已经开始思考这两个问题。欢迎你的加入！

也许你正在经历职场和组织中固有的期望、失措、倦怠。我们身处一个史无前例的不确定环境中，我们必须抉择在这个动荡的时代中何去何从。你已日益明显地意识到身边存在着系统性压迫、不公正、社会不公平现象，你渴求改变。因此，你呼吁社会正义与公平，渴求职场的公正。这可能是一种全新的自我意识，先前因为自己属于社会特权群体，你无须也不想涉足这一事业。也可能这种想法曾经在你脑海中一闪而过，或者你已经做了些许尝试，而现在，你正融入更为广泛的共识之中。让我们做一个类比，就好比你深悉气候问题的严峻程度，深知参与解决气候问题的必要性。

当前，从个人到群体都萌生出一种理性的认知，那就是"必须改变这种情况"。或者你已经觉察到了，或者正觉察到这种认知变化。

没有人想要被排除在社会思潮大趋势之外，我们都希望成为新社会思潮的一员。

一个全新的努力方向业已出现，它带来的是极致的友善，更多的平衡，并能更普遍地代表社会各类人群。而我们中的**每一个人**都将从中受益。

想到自己能够成为"变革者"，你可能感到欢欣鼓舞，但同时又倍感沉重——你会想，真的会是我吗？我真的能有所作为吗？

那么，什么是变革者？变革者能够察觉当前的职场和组织对自己和他人造成的阻碍，他们意图清除这些阻碍，让周围的环境变得更加友好。他们热衷于研究身边的各种问题、问题产生的根源以及人们面临的挑战，并且有意改变这些情况。他们能在自己的生活和工作中寻找到更多的目标，并且致力于创建公平的工作环境。他们深知这项任务烦琐、艰巨且复杂。他们在努力的过程中，最大限度地提升自己的心理韧性。他们深知，女哨兵提出的两个问题，是找到**自己**变革力量的核心所在。

发现身边的障碍之墙，找到自己的位置

文化极大地制约了人类的思想和行为——文化既包括塑造我们的社会规范、期望、工作方式等的行为，也包括我们对合理的生活、工作场所和周围世界的认知。资本主义、父权主义、能力主义等会限制我们，让我们顺从，并使我们相信自己没有足够的力量来改变世界。因而我们必须保持警惕，必须意识到这些限制我们的因素，以进一步解放自己，突破制约。

作为变革者，我们可以将父权主义、能力主义等系统性压迫想象成相互连接的砖块，这些砖块构成了一堵巨大的墙，这堵墙坚固、巨大且压抑。仅凭一人之力想要攀爬或拆除这堵墙，属实太难。反之，我们可以想象另外一种情境，即我们每个人都拿着一把镐，各自在墙上选择一个位置，一点一点开始开凿。随着时间推移，经过持续地开凿，这堵墙终将倒塌。而本书将帮助你看到这堵墙，找到自己的位置，并为你提供开凿的工具（请使用以下反思点进行反思）！

💡 **反思点**

你是否已站立于阻碍之墙上？

你是否已找到自己的位置？是否刚刚到达这堵墙，还不知如何下手？

你是否正在寻找最佳开凿点？

你是否已经开凿了一些时日，感觉有些疲惫，需要补充体力？

_____

_____

那么，本书的目的并不是"拯救"你，因为并不是你自己出现了问题！

本书只是邀请你找到自己的角色，了解自己可以做出的贡献。

在你的职场中，在你的职业生涯中，你正在拆除哪一小块墙？你将如何为拆墙的整体工程贡献力量？

团结的力量

我特别关注的是，你是否积极主动，充分发挥个人潜力，设定生活的目标，持续为清除阻碍之墙贡献自己的力量。然而，阻碍之墙的拆除并不是依赖某一个英雄，不是某一个人以牺牲他人为代价，攀岩而上"击败"旧的体制，也不是某一个人玩一个规则不是为他制定的游戏。正如凯莉·狄尔斯（Kelly Diels）所言："我们可以团结起来，抵抗限制我们的制度，而不应该凭一己之力去做零星的改变。"

不仅如此。犹如莉拉·沃森提醒我们的，"我们彼此的解放息息相关"，单单为一己的美好生活奋斗是不够的。有这么一种说法，即我们所能期望的最好的结果，也就是我们应该追求的目标，就是调整自我，适应职场和组织，以尽可能从中获益。这就好比给旧体制涂上一层油漆，粉饰一番之后让它看起来"稍微有些改进"。在历史上，有些人对这一说法最为热衷。然而，对于这种粉饰，我并不感兴趣。

我热衷的是创建一个为所有人谋幸福的新体制。因此，本书会介绍如何团结起来，共同创建一个公正美好的新体制；还会介绍新体制如何保护大众权利，以及如何维持这一新体制。

企业也正在"觉醒"，它们正在改变，正意识到自身需要参与变革，需要站在"历史正确的一边"。

我希望自己成为这场变革的一分子。你呢？

对于这一新工作领域（以及整个社会上受此影响的其他领域）会是什么模样，我并没有很清楚的构想，因为这是一项全新的工作。我们需要努力拆除并重构各种系统。我们都可以选择成为这项伟大事业的一分子，以自己感到舒适和持续的方式，尽可能地做出自己的贡献。

维持自身变革的力量

麦肯锡咨询公司报告显示，有 42% 的女性表示，她们在 2021

年经常或总是感到精疲力竭，而一年前这一比例仅为 32%；有三分之一的女性考虑离开工作岗位或放慢职业发展。而依据德勤管理咨询发布的报告，2021 年女性经常或总是感到精疲力竭的比例为 23%。超过一半（53%）的女性表示，工作有时候或者总是损害到她们的心理健康，导致她们达到职场倦怠的程度。

作为变革者，我们需要维持我们在这份工作中的韧性和幸福感！一旦参与到变革中，我们就需要保持足够的精力，无论变革的场所是我们生活的社区还是工作的场所。对于变革的领军人物，特别是对于边缘化群体，职场倦怠是一种极其普遍的现象，因为他们想要适应职场，就需要比其他人花费更多的努力。

我们要重视我们自身的健康和持续性。我们会由于我们热爱的事业，或因为应对工作压力，而感到倦怠。这尽管非常常见，但却并非不可避免，实际上也不应发生。本书邀你一起思考希望、愉悦、自我关怀和快乐的作用，它们在我们实现自我变革和日常领导力的提升中，发挥着最根本、最不可或缺的作用。本书中的力量练习将助你在消除倦怠的基础上实现更大的自我提升！

有关多元交叉、特权和多元对象

欢迎你的到来。本书聚焦女性和其他少数群体的经验。我在上文提到社会"默认"这一概念，是指大部分有关商务或领导力的图书，都默认采用典型的男性视角，且该男性应具有异性恋、顺性别、体格健全、神经正常的特征。

本书的撰写旨在开辟一个全新的视角，反映更为广阔的生活经验，揭露偏见、歧视、特权等现象，以及这些现象如何导致了系统性不公。正如马娅·安杰卢（Maya Angelou）说道："我们了解得越多，便做得越好。"

在选取访谈对象方面，我尽可能覆盖不同的视角。我认为应该走访各种不同的对象，以防出现"回声室"效应，让片面的观点左右我们的看法，而这在互联网平台泛滥的今天非常常见。多方了解不同的对象，可以深化我们对问题的认知，尽可能地减少偏见。但我们同时要认识到访谈对象的代表性问题，特定的访谈对象只能代表他们所属的群体，并不能代表更广泛的群体或者更普遍的问题。此外，本书也无法做到穷尽所有的视角。

本书的访谈对象是进行自我变革的女性，是那些先驱者、倡导者和推动者，她们让我学习良多，赋予我写作的灵感。她们的真知灼见将贯穿全书。她们寻找到自己的道路，开创出全新的格局，不断从内至外瓦解企业和机构现有的机制。此外，2021年夏，我们还对 30 名女性进行了问卷调查，受访者来自商业、设计、教育、工程、创业、金融服务、医疗保健、人道主义工作、政治、社会影响和技术等不同领域。她们都致力于为推倒阻碍之墙贡献一己之力，她们激励着我为这一事业贡献自己的力量！

我在采用多元视角的同时，也会刻意审视自己的身份。在本书中我将试图探讨这一问题，虽然也许探讨得不尽完美。我也有自己的盲区，但我会在书中真实呈现这个不完美的自己，这个不完美的我愿意持续学习，而不是故步自封。大丽花项目创始人蕾拉·侯赛因（Leyla Hussein）也是一位变革者，我非常喜欢她说过的这句话："我永远在学习。人们常说'我从此过得很幸福'，而我会说'我永远走在通往幸福的道路上'——这就是我，我悦纳这样的自己！"（本书第三章将有更多关于蕾拉·侯赛因的内容）。

本书旨在为你赋能，帮助你驾驭和共建你所处的环境。

对于"韧性"一词，我一直感觉费解。一方面大家习惯认为女性需要有"韧性"；另一方面女性遭到的不平等待遇日渐加剧，受到诸多制度性不公正因素的约束。而这并非偶然。我希望我们能够共同努力，揭露和改变导致女性陷入困境的社会体制，而不是要求女性学会具有韧性。[劳伦·科瑞（Lauren Currie）]

我们要从**内部**着手，同时也要从**外部**努力。

内部努力是指调整期望，尊重身体的需求，关注自身幸福，克服内在阻力，实现自我效能，维持自身能动性与力量，以成功具备领导能力。

外部努力是指能够驾驭自己所处的系统，致力于攻破阻碍之墙，重构旧系统，共建新系统。

本书将探讨如何实现这内外两个方面的目标，助你在职场持续变革而不倦怠！我们将从探讨个人努力开始。

个体努力非常必要，集体合作也不可或缺。仅靠某个人无法解决我们所处世界和工作场所普遍存在的不平等的问题。本书将带领你思考，在打破阻碍的道路上，你能与谁结伴而行、相互协作（这很重要！我保证，有人结伴同行将使你的努力更有趣味，更加有效，更能持续）。

模型并非万能，但却非常有用

在本书中，我会使用不同学科和不同学者提出的模型、框架、主题、思想和观点。我孜孜不倦地从古老的智慧传统、灵性修行，个人领导力和组织发展学、社会和行为心理学，心理咨询和行为培训，以及女性主义、反种族歧视等中汲取营养。作为从业20多年的组织发展顾问、导师、讲师、商业领袖，同时作为一个企望过上美好生活的普通人，多年来的经验使我积累了诸多知识。我由衷感谢多年以来我所有的客户、同事和合作伙伴，是他们让我得以对上述方法进行测试与改进。

没有模型能放之四海而皆准，也没有模型能全面囊括各种视角。试图寻找固定的答案，或者通用的公式，必将徒劳无功！找一个一劳永逸的模型，解决一切问题的设想，只能是空中楼阁。然而，综合使用各种方法提供的不同视角与见解，能帮助我们有效解决问题。在本书中，我将和读者分享这些不同的方法，指导读者采用这些方法寻找问题的答案，犹如我们在进行面对面一对一指导那样。

拥有一张地图不等于拥有一片领土。上述的这些方法只是地图，而你自己，才是你独特、复杂、宝贵的生命领土的主人。如果说生命犹如一幅拼贴画，那么这些方法便是组成拼贴画的贴片；如果说生命犹如一个观察镜，那么这些方法则能为你提供观察用的镜片。

你是一个变革者

以下列举了一些关键原则，这些原则是我们进行日常变革者训练工作的理论和实践基础，也是我对阅读本书的你寄予的期望：

1）你本人和你的生命本身是无价之宝。

2）你异常强大。

3）生命如此宝贵。

4）出问题的不是你，变革的对象也不是你。

5）追求生活和工作的目的和意义是正确之举。

6）韧性和健康至关重要。

7）你是一个变革者！

接下来，我们将逐一讨论上述原则。

1. 你本人和你的生命本身是无价之宝。任何人都是独一无二的，拥有自己独特的优势、天赋、观点和阅历。无论她**从事**或**并未从事**什么工作，其具有的**人类**固有的价值是不可否认的。社会强加给我们一些认识，让我们相信**只有**成了某个样子，或者拥有了某些物质，才算具有价值和获得成功。而事实并非如此，因为你本身就已经独具价值。

你的生命因为存在而独具光彩、意义与潜力。让本书帮助你调整自己，找到自己的目标、快乐，真正地认识自己。

2. 你异常强大。你具有力量和主观能动性。我相信，无论你从何时开始意识到并采取行动，无论你的起点是什么，你都能够找到并且使用自己的力量。你可能并不经常感觉自己是一个领导者，更不用说是一个变革者。那么，本书将帮助你调整自己，激活自己的力量。

然而，我不认为**整体**的世界格局是由某一个人创造的。我们要认识到我们所面临的是一种系统性压迫（尤其是对边缘化群体而言）。这样的生活环境不是你造成的，而它却影响着你和你生活的方方面面。你无法控制系统性不公，而系统性不公却可能影响你和你的生活。本书将帮助你留意、识别和应对这些问题，并帮助你在干预、瓦解和废除这些系统方面有所作为。

3. 生命如此宝贵。我的母亲43岁便去世了。失去亲人的经历让我思考良多，其中一个重要触动，便是每个人的生命都异常宝贵，并且往往非常短暂。你可能想慢慢打造自己的人生，你可能总是想着"到……时候我自然会去做这件事情"或"如果有……条件，我就会去做某件事情"。你可能心里总想着我以后想做什么，想成为什么样的人，但却拖延到最后一事无成。而我学会的是，我们拥有的只有当下（生活是当下的循环往复，永恒的只有当下）。我诚邀大家一起，活在当下，发现每一天的美好，让每天的生活充实而丰富。让本书帮助你清楚地思考自己想过什么样的生活。

4. 出问题的不是你，变革的对象也不是你。我们所生活的世界，以及我们工作的场所都为我们设定了默认的身份。然而，这样的社会和工作场所只适合那些拥有优势身份的人。社会强加给我的认知是，我们要参与这个社会，就需要改变自己，并且强加给我们无法实现的目标，让我们相信无法达成这些目标是我们自己的问题。而一旦我们达成一个目标，就总会有新的不切实际的目标再次强加给我们。

我还不够瘦、不够漂亮、不够高、不够年轻、不够年长、不够聪明……！永远觉得自己不够，永无止境地追求。而那些边缘化群体，更是如此。我从来不认为谁在哪方面有所缺陷。在我看来，这只是一个谎言。而事实的真相是，我们生活在一个不能实现每个人的充分发展的环境。我相信，我们可以学会适应这种环境，包括职场环境。然而我也相信我们可以共同行动，改变这种压迫性的环境，并参与共建新环境，这种环境已经对我们的生活造成负面的影响（见第 5 点）。而本书将助你实现这一目标！

5. 追求生活和工作的目的和意义是正确之举。或许你当前的工作和事业能带给你成就感和冒险感。那么很好，本书能助你提升韧性，提高你在推进变革方面的影响力。也许你当前的工作和事业无法带给你这样的感觉。这也没关系，本书将助你重建目标，调整选择，活出自己想要的生活，做出自己希望的贡献。请务必保持自己的好奇心！

6. 韧性和健康至关重要。我们在这里讨论幸福感，不是为了让你更好地融入当前这个由资本所主导的体制，而是因为作为变革者，我们也需要追求幸福美满，我们也会感到疲惫不堪。追求健康和快乐本来就是正确的。只有身体健康，才能更好地生活，才能更加具有韧性。我们应当尊重自己的需求和愿望，珍视自己的身体和快乐，身心健康是我们进行持续变革的保障。当然，即便我们在健康方面不尽如人意，也不影响我们体现自己的价值。心理创伤普遍存在，很多人都会经历诸如代际创伤之类的集体创伤。生活的确会将我们击溃，悲伤、痛苦、倦怠都是生活的一部分。我们需要寻求治疗、帮助和支持，才能更好地生存。本书将带领你在日常生活和变革行动中正视并注重自己的幸福。

7. 你是一个变革者！每个人都能够影响周围的人，都能够对我们的工作环境和生活环境产生积极的影响。请关注你内心的渴望。你想要领导，想要提升，想要表达意见，希望能有所作为。在你的内心中有愤怒，有好奇，有因为目睹到不公正的现象而感到的愤慨，也有因为看到改变的机会而感觉到的兴奋异常。如果你不确定自己能有何作为，本书将对你有所助益！所以，请打开心扉，保持你的好奇心。

思维训练、习惯的力量、实践的作用

人的大脑非常神奇！

习惯一旦养成，便自然而然地起作用，无须我们再思索劳神。一个肢体健全的人，一旦学会了走路，便会不假思索地行走。

打破旧习惯可能很难，而培养新习惯却相对容易。养成新的习惯，意味着打通新的神经通路。这是一个有意识的过程，可能会非常缓慢。这种感觉就好像在森林中开辟一条新的道路。慢慢地，随着走的人越来越多，道路也日益成形。培养新习惯亦是如此——逐渐地，通过持续地练习，新动作会变得容易，慢慢固化为习惯。

25 年以来，经我指导培训的领导者有数千人，因此我总结了一个工具包，名为"力量实践工具"。这套工具包里，装满了一点一滴对我们生活起到重大实际影响的各种小习惯，能够帮助我们在职场中轻松开展变革。我整合了来自心理学、绩效辅导等多领域的理论。书中设计了力量练习（我的个人网站上有更为丰富的资源），帮你打造良好的心理习惯和坚实的力量基础。这些练习经过实践测试，如果能够真正融入你的生活，必将极大地助你提升韧性和健康！

接下来是什么内容？请看以下全书概览

第一章和第二章简要介绍自我意识的关键概念，这些概念构成全书的基础。这两部分将探讨内心对话、情绪的作用、身体的威胁反应、思维错误、成长思维、接纳"内在批评"，以及如何倾听内在智慧。将深入探讨感恩心态，以及感恩心态如何帮助我们慢慢培养韧性、毅力和影响力。还会探讨如何运用反思摆脱心理反刍，变革领导者的身份交叉问题，以及我们如何在生活的各个阶段实现更多的自我关怀。

第三章是关于培养职场韧性，避免职场倦怠。本章将带领你储备能量电池，绘制韧性路线图，遇见未来最好的自己，并设计成功的路径。

第四章带领你了解个人欲望、清楚自己的目标、明确变革的努力方向，以及了解为何需要关注日常的点滴进步。

第五章是关于专注，即如何全身心投入变革事业中。

第六章描述了职场中存在的各种阻碍。无论是否出于自愿，我们总是身处各种不同的系统之中，并构成这些系统。本章将介绍如何适应这些系统。我们不但会探讨系统意识，还将探讨个人的自我意识，以及二者之间的关联。我们将探讨如何建立个人心理安全感及公平的职场环境。我们还将讨论微歧视和特权问题、逆风与顺风现象、如何克服偏见、"公开指控"与"私下纠正"、旁观者主义，以及变革意图和实际影响之间的差异。

第七章将着重探讨如何让我们的影响力大放异彩，如何提升我们的影响力，以及如何拓展我们的关系网。

第八章将探讨作为变革领导者，我们如何保持自身的持续性，如何保持怜悯、希望和动力。读完本书，你将惊叹不已，满载收获，满怀希冀。

本书使用指南

你可以逐一跟随路线图的每一步骤，完成每个练习，也可以重点阅读感兴趣的章节。贯穿全书的力量练习和针对变革女性的访谈录将对你大有裨益。

本书每章包括如下内容：

● 反思点：静下心来，利用这些提示，深入思考本章主题。

● 练习：诊断训练、指导训练、可视化训练和解决实际问题的训练，将阅读本章的收获应用于实际的生活之中。

● 变革进度和行动进度检测：学习总结和进度检测。

● 自我肯定：以自己为主语，外加一个动词，用以描述对自己的认识。自我肯定有助于重构大脑神经通路，转变我们对自己的认识。有时候，自我肯定会迫使我们走出当前的舒适区，让我们推动自己迈向更高的目标，听起来好像有些好高骛远，其实并非如此！在本书每一章的结尾，也会有自我肯定练习。

你准备好开始阅读本书了吗？

我希望你已经与我一起认识到，在工作和更广泛的生活中，追求目标是正确之举，并认识到"我是谁？"和"我为什么在这里？"是多么深刻的问题。

我将借助这本书，伴你左右，为你提供建议，帮你找出问题，对你进行指导，丰富你的思考和体验。

希望阅读本书会对你获得自我变革领导力有所助益，也让受你影响的人有所收获。希望本书能让你反思，让你改变，让你在自我变革的道路上更进一步。

让我们开始阅读吧！

💡 **反思点**

● 本章给你最重要的启示是什么？

● 上述哪一项指导原则最能引起你的共鸣？你感到欣喜吗？

● 对于养成新习惯，你怎么看？养成新习惯对你学习新知识有什么帮助？

● 想想你目前的工作环境。这个环境是由谁设计的？是为谁设计的？关注的是谁的需求？

请在进度记录表或阅读日记中记录上述想法。

_____

_____

第一章

变革的智慧："你是谁？你为何在这里？"

生命中情感存在的唯一意义，是让我们感觉到它的存在。

——佚名

第一章和第二章将介绍有关自我意识的关键概念。自我意识是成为职场变革者甚至变革领导者的坚实基础。本章探究内心对话的运作机制，以及思维和感受的调节作用。

对于思想、情感和身体的相互关系，我有一些较为深刻的见解。本章将与你分享这些内容，我将同你一道探讨感知和情绪的意义，以及人的威胁反应机制和思维错误。本章结尾是一个精心设计的感恩练习。

大脑的认知习惯

我们首先探讨感知。让我们一起来做一个实验。

💡 **练习** 感知

　　一位叫杰西的女士正在乘坐公交车去某个目的地。你脑海中能想象杰西的样子吗？我们现在开始想象。她长什么样子？穿什么衣服？准备去哪里？你在脑海中想象了一个什么样的故事情节？你想象中的杰西是否和你自己有些相像？

　　我现在给你更多有关杰西的线索，看看你想象中的人物形象会发生什么变化。

　　前面已经提到，杰西正乘坐公交汽车。

　　她摆动着双腿，欣赏着脚上穿着的粉色雨靴，怀里抱着一只泰迪熊。

　　在你大脑中能想见杰西的样子吗？她现在是什么模样？

　　我再给你更多的线索。

　　杰西很高兴能再次见到自己的孙女阿里。

　　她已经好几个月没有见到孙女了，因为她刚刚去参加了一个环球航行之旅。

　　好了，我们现在总结一下这个有关大脑的微型实验。

　　你头脑中想象的杰西形象是一成不变的吗？随着故事的展开，你对杰西身份的认识是否发生了变化？

　　在故事的开端，你猜测她的年龄是多大？长什么模样？

　　现在你觉得她年龄多大？长什么模样？

在我脑中首先闪现出来的是像我自己这样的形象，之后是一个扎着马尾辫的小女孩，再后来是一个拄着拐杖、包着头巾、弯腰驼背的老奶奶，到最后是一个身穿莱卡面料运动服的超级拉风的老太太！

那么你呢？

留意杰西形象在你大脑中的变化。留意一下每当新增一条线索（比如"她乘坐公共汽车""她穿着雨靴"），你的大脑会如何对人物形象进行调整。

这个实验意在说明偏见和认知是如何形成的。人的大脑会调取自己已知的熟悉的信息，去匹配认知对象。是一个奶奶……哦，老奶奶通常会戴头巾！

我们可能都对老太太存在一些刻板印象，所以才会联想到一些类似的形象。大脑会给我们提供信息和图像，而这些信息和图像基于我们对老太太、公共汽车、雨靴等的经验性认知。

然后留意一下大脑为我们想象的故事情节（其中包含了各种假想和偏见）如何影响我们对现实的感知。

我们刚刚所做的这个小练习，可以说明人类对现实的感知极具主观色彩，对同一事物可以产生不同的认知。

个人经验让我们相信自己的认知，而个人认知又进一步塑造个体经验，但我们可以改变这种主观的认知，并努力探寻这一改变会对我们产生何种影响。

如果我问你"你在哪里？"，你会发现回答这个问题的方式不止一种。依据所在的地理位置，你可以回答"我现在在苏格兰"，或者更加具体地说"我现在在苏格兰首府爱丁堡的兰诺克路"，或者再具体一点回答"我在苏格兰首府爱丁堡的兰诺克路住所的厨房里煮意大利面"。

依据情感感受，你也可以对"你在哪里？"这一问题这样回答，"我现在有点迷茫"，或者"我现在真正感觉到心里安稳"。

依据自己的人生状态，你还可以如此回答，"我正处于质疑一切的人生阶段""我想安顿下来"或"我不愿意做更多冒险……"。

> 💡 **反思点**
>
> 你对于自己当前在哪里有什么认识？
>
> 你的主观认识有没有影响你的感受？
>
> 你的主观认识有没有影响你对自己当前处境的认知？
>
> _____
>
> _____

本书想请你同我们一道，保持一种开放的心态，以新的视角认识事物。

然而，我们对于事物的认知同时又受到社会调节因素的制约。这种制约力量异常强大，以至于在我们头脑中形成偏见、先入为主的判断和偏倚，甚至在整个社会中形成一种文化规范。社会调节因素对我们具有强烈的制约和塑造作用，而我们往往无从觉察。

本书诚邀你一道，观察并思考文化制约现象，摆脱文化制约的束缚，获取变革领导力。

接下来让我们深入探讨自我发现与自我意识。

内心对话

内心对话是获得幸福感和变革领导力的基石。我们来观察一下自我对话，可能你从未做过类似的尝试。

首先，我们来做一个感恩练习，这个练习将展示个人想法对个人感受的巨大影响，看看你会有什么样的收获。做这个练习时，你需要闭上眼睛，你可以在这之前先预览一遍练习内容，或者请一个朋友帮你读出练习的内容。

💡 **练习　力量训练：感恩练习**

寻找一个安静的地方，闭上双眼。

缓慢地呼吸几次。注意力集中在呼吸上，注意气体的呼出和吸入。

每当出现任何思绪或干扰，只需将注意力重新集中到呼吸上面。

持续片刻。

直到感觉全身放松。

这时回想三件让你心存感激的事情。无论多大多小的事情都可以，没有关系。

记住这三件事情。

留意在你想到这三件事时，身体有什么样的感觉。

让你的身体弥漫这些感觉。保持一会儿，享受这种感觉。

心里再持续想一会儿这三件事情。

然后深呼吸。

享受一阵这种状态，然后动动手指和脚趾，轻轻睁开眼睛，回到原来的房间。

这个练习怎么样？

在想到三件让你感激的事情时，你心里涌现出什么样的感觉？

现在又感觉如何？

你是否发现，随着想法和注意力的变化，内心感受也会随之变化。这非常神奇，是不是？

我在做感恩练习的时候，通常会感到平静而真切，内心涌现出幸福感和喜悦感。做完这个练习，我感觉精力充沛、神气清爽。另外，练习结束之后，我往往发现自己思维更加清晰，头脑更加清楚，就像汽车挡风玻璃刚刚被清洗过一般。这种感觉真是太奇妙了！

接下来我们想象这样一个场景。在公司，有一位令你生厌的同事，而你们共同负责某个重要项目。我们姑且叫他伯特。你正在紧锣密鼓地筹备着一次会议，计划向客户介绍项目的进展。想想伯特会做些什么事情，让你徒增烦恼。好，现在你感受到什么样的情绪？气愤、沮丧、着急、担忧等一拥而上，对吗？想想这种想法和情绪对你在客户会议上的表现会有什么样的影响。

受情绪影响而产生的一些行为，会不经意间从你的言谈举止中流露而出。也许你内心抵触伯特，甚至因此对客户也心生抵触。这可能影响你们两人在会议中的表现，甚至有可能最终影响项目的成败和你自己的工作业绩。

现在我们接着想象。伯特开会迟到了，并且即便他到了，也对你视而不见。你又做何感想，你的情绪和行为会受到哪些影响（表 1-1）？

想象一下，接下来你会有什么反应？你的反应的变化会如何影响你在会议中的表现，以及你给客户留下的印象！

然而，现在我告诉你，实际上伯特如此表现，是因为他在与会前得知自己家中发生了一些变故，他并不是有意地针对你。他只是心不在焉，勉强去完成这次会议，整件事情根本与你无关！

表 1-1　想法、情绪和行为之间的关联

想法	情绪	行为
他简直太粗鲁了！ 他怎么能如此对我，我可受不了	愤怒	直接反击，在会上无视他的存在
是我哪里惹到他了吗？ 我现在遇到无法处理的紧急情况	焦虑	内心忐忑不安，反省自己，压抑情绪
也许他掌握了客户的一些信息，但却有意隐瞒	怀疑	一些防御性行为
我本来把他当朋友！	悲伤	想到过去的美好时光，为逝去的友谊感到难过
糟糕，他一定是听到我在别的同事面前批评他了	内疚	避免眼神接触，躲避他
他不认同我，我还不够优秀	羞耻	想到自己其他的失败时刻，或者想到自己有多么的失败

　　上面的小练习告诉我们，个人想法极易受到外界的干扰。我们对事物的看法看似准确可信，实则并不可靠！甚至还有可能由此出现一种心理反刍现象，即我们由于判断偏差而产生某些情绪，这些情绪进一步干扰我们的判断，导致我们在错误认识的泥潭中愈陷愈深，或者导致我们内心对认知对象越发不满。你是否意识到情绪能够极大地左右我们头脑的判断？

　　这些想法往往不由自主地产生，但却并不一定客观。我们对自己头脑中产生的各种想法，往往笃定不已。因此，我们要学会质疑这些想法。质疑是一种重要的能力，有助于我们实现内心的幸福。你会觉得内心的想法和情绪并不那么受控制，那么就学会调整自己，学会仔细观察，而不去直接加以评判。

接下来我们再来做一个附加练习，情绪化小练习！依据以下的反思点，查验自己的情绪。

💡 反思点

今天到目前为止你产生过什么样的情绪？你可以从以下项目中选择（也可以添加新选项）：无聊、满足、消沉、希望、沮丧、失落、乐观、恐惧、喜悦、不耐烦、期待、感激、热情、怀疑、责备、羞耻、嫉妒、愤怒、骄傲、悲伤、挫败。

注意情绪更迭的时间间隔，大概是每一个小时会出现一种新情绪，还是一会儿就有一种新情绪出现。

注意情绪的起伏。

注意情绪的强度。

有没有上述列表中没有列出的情绪？

哪些情绪是你自己认为"不好"的？

有哪些情绪你认为是"好"的？

哪些情绪让你感觉最舒服，或者最不舒服？

我们感受到的所有情绪都包含丰富的信息。我们可以忽略、否认、压抑一些情绪，但是由于人的思想、身体、精神和情绪是相互关联的，这些情绪很可能表现在其他方面，流露于我们的行为中。它们可能导致我们的行为出现盲区或"阴暗面"，也可能因为被过度压抑而导致我们罹患心理疾病。我们可以参考上文有关同事伯特的小练习。

情绪：人体的信息中心

我们现在将情绪权当一种纯粹的**数据**，一种指标，一个人体的信息中心。情绪不分好坏，没有对错，只不过为我们提供信息和提示。比如，愤怒、内疚、羞耻等这些情绪中包含了什么样的信息？情绪中所包含的信息往往具有某种功能。

我们可以参考表 1–2。

表 1–2　情绪向我们传递的各种信息

信息	情绪 / 感受	目的 / 功能
预测到威胁	焦虑	保护自己
他人的行为违反了我的预期	愤怒	我看重的原则受到挑衅
你因某种行为受到奖励，并且感觉到该行为的意义	幸福	你再次感到自己的行为和自己的价值一致
预期得到奖励	兴奋	获得满足感并进行可以得到奖励的行为

续表

信息	情绪/感受	目的/功能
违反了自我行为准则	内疚	保证自律
自己或他人认为自己不足/认为自己有缺点	羞耻	有关羞耻的作用目前尚有争议
感觉没有得到应有的对待	受伤	在人际关系中主张自己的需求
想要拥有别人的某件东西	妒忌	激励自己不断达成需求和愿望
因为失去，而倍感失去之物无比珍贵	悲伤	以后将更加珍惜，尽量避免失去

这个表非常有用。我们首先留意到内心产生了某种情绪，进而探究这是何种情绪，这种情绪想向我们传达什么信息，我们的内心有什么需要？如果我们不学会面对情绪，总是回避、否认、隐藏、忽略自己的情绪，就无法了解自己的感受。本书提供的力量练习会帮助你识别特定的情绪，了解情绪和身体的联系。第三章将帮助你识别情绪波动，第四章将探讨欲望、喜悦和身心舒畅，第五章会讨论骄傲和嫉妒这两种情绪及其功能。让我们期待接下来的内容吧！

1. 人体包含丰富的数据！我们的身体体现我们的情绪。而我们能够观察到这些情绪。

2. 情绪本身是中立的。情绪本身没有对错之分，尽管有些情绪会让人不适，但我们可以学会接受和体会这些情绪。

3. 不要评判自己的情绪。情绪是大脑对某种外部刺激产生的化学反应。如果我们留意观察自己的情绪，会发现它们实际上是非常有价值的数据。

4. 我们的判断受社会因素制约。社会制约因素让我们对情绪加以评判。例如，我们认为女孩不应该表达愤怒，而男孩不应该表达悲伤。在职场中，大部分情况下，情绪表现都被认为是错误且无用的！

5. 情绪持续时间非常短暂——只有短短的 90 秒！调节自己，感受情绪，但不要试图留住情绪。通常某种情绪之所以持久，是由于我们试图对它进行解读和反思（见第二章）。而正是对情绪的解读和反思，影响了我们的情绪恢复能力。

6. 情绪对我们的影响是积极还是消极，取决于我们处理情绪的方式。我们要审慎处理自己的情绪，对自己的行为负责。

你的内心对话：强化性信念和限制性信念

大脑一直在持续与我们对话——我们一直在和自己对话！在了解身体的情绪数据之后，让我们来聆听内心对话的声音，内心对话也能够给我们提供有价值的信息。通过聆听内心对话，我们会认识到自己的一些核心信念，即我们对自己（以及自己的能力）和对他人的真实看法：

● **强化性信念**　关注自身的可能性和进步空间。强化性信念具体指的是个人能够针对自身优点及能力范围做出现实的、积极的判断。

● **限制性信念**　侧重自身能力的局限性。限制性信念阻碍个体发挥自身潜力，实现个人目标。

想一想我们有哪些强化性信念和限制性信念，这些信念对我们有什么影响，我们希望摆脱哪些信念，哪些信念对我们获得变革领导力构成威胁。这样我们才能更好地认识自己，懂得如何通过思想的改变实现自我的改善。记住自己具有强大的力量，而认识自我的信念是实现强大力量的关键！

大脑的威胁反应与负面偏见

为了确保人的安全，人脑会识别威胁，并对威胁保持高度警惕。我们应对社会威胁的方式和应对生理威胁相同，即启动"威胁反应"机制，触发人体的交感神经系统，完成威胁应对准备，以谋求更多的生存机会。在威胁反应机制作用下，我们或战斗，或逃避，或失措，或寻求庇护。大脑边缘系统激活威胁反应机制，在威胁反应状态下，大脑的理性部分，即前额叶皮层容量下降。这意味着此时我们更容易出现思维错误，或者所谓的偏见。

人体的威胁反应导致大脑产生**负面偏见**，即大脑关注并记忆负面的想法和经历，以及产生围绕负面思维的强大的神经通路。在入睡之前，我们重温当天的经历，往往会记住负面的事件、不好的感觉或压力巨大的时刻。本书的力量练习旨在帮你改变这一情况。我不是倡导大家要"假装积极正面"或"保持成功前的伪装"，而是希望大家专注于愉悦的正面的经历，这能够带来一种平衡。

思维性错误

我们在威胁反应状态下，更容易出现思维性错误。思维错误往往源自一些习惯成自然的思维模式。

我们可能会过度概括，陷入全有或全无性思维（例如：只要我不完美，就是失败的；要么我做对了，要么我全错了）。我们会草率地下结论，否定积极的事情或自己或别人做过的事情（这根本不算，因为……）。我们容易以己度人（以为自己了解他人的想法），即出现以感情为指导评判事实的感性分析的谬误（既然我感到尴尬，那我一定是个失败者）。我们会自责或责怪他人，或者将无须承担责任的问题归咎于自己，或者将自己造成的问题归咎于他人。还容易出现后见之明偏差，即在事情发生之后，夸大事情的可猜测性。如果我们开始给自己和他人贴上各种标签（我是失败者、我没有用、他们是傻子），或者开始使用"应该""应当""一定""总是""从不"之类的词语形容自己或他人，那么说明我们已经出现思维性错误。给自己贴这样的标签，只能让自己越发自卑，觉得自己已经是失败者；而对别人说这样的话，也只能给别人徒增挫败感。

上述思维活动仅仅占据大脑活动极小的一部分，但由此产生的进一步解读和情感会影响到人们的行为。

这种思维偏差属于选择性注意的情形：大脑的潜意识只能注意到一部分，或者某些类型的证据，而会忽略同时呈现的其他证据。例如，我们可能注意到自己或他人的失败，但忽略各人的进步和成功。我们忽略可能违背自己信念的信息，因而继续相信一些不正确或无益的事情。我们在证据选择上存在偏差，因此在事件解释上出现偏差，而我们的记忆也因此出现偏差。

上述有关思维性错误的讨论对我们有哪些启示？你是否意识到思维性错误，也就是偏见，会影响我们对事物的认识，进而影响我们对自己的评价、我们的变革能力或领导能力，以及我们在职场中的行为表现呢？要想在职场持续变革，意识到思维性错误及其影响至关重要！

我们现在回到之前有关伯特的小故事。当时，你担忧伯特可能在项目合作中给你带来的麻烦，那时候你出现了什么样的思维性错误？我首先观察到的是选择性注意（你并没有注意到他出色完成工作的时候），全有或全无思维（"不是他就是我"），自责或责怪他人（"我们合作不好，一定是我有什么问题"）。我也听到了一些"应该"和"应当"的声音！出现上述思维性错误的时候，你的大脑正处于威胁反应机制，你的智慧、理性、同情心思维因此下降！不仅如此，你还会陷入选择性注意，只注意到一些"佐证"你看法的情况。这就是偏见如何在无意中影响我们的判断，并影响我们的决策。同时还需要注意到的是，负面偏见容易让我们陷入心理反刍（例如你开始回想所有你与其他同事相处不融洽的情形，或者与其他人相处不好的情况）。这种状态会影响到你的情绪和工作表现。

> 💡 **练习　偏见自测**
>
> 你意识到自己哪些思维性错误？（注意：要立即注意到思维错误很难，在这之前需要做一些自我调整！）
>
> 思考思维偏差在以下方面对你有哪些启示？
>
> - 你及你对自己的认识？
> - 你在进一步变革方面的自信、自我认识和意愿？
> - 你的领导力？
> - 你在团队中的角色？
> - 你在职场中的表现？
>
> 在意识到思维性错误及其造成的认识偏倚之后，我们又应当如何转换思维方式？
>
> 选择一种你已经意识到的思维性错误，思考可以怎样转

换思维方式，摆脱思维偏差。

在第二章有关"内在批评"，以及在第六章有关职场和组织偏见的讨论中，我们将进一步探讨思维性错误。

现在，我们已经认识到大脑的工作原理，了解到思维如何影响人的情感，以及人的相关表现，那么我们可以如何改进呢？

重置中枢神经系统

本书设计了一些力量练习，希望能帮助你通过重置中枢神经系统，增强心理韧性——利用身体的副交感神经系统，启动自我舒缓或"放松响应"机制。身体的"放松响应"与"威胁反应"相互抵消，降低大脑出现思维性错误的可能性。

以下的呼吸力量练习超级简单，可以作为我们的起点，试一试吧！

💡**练习　力量练习：呼吸**

找个舒服的地方坐下来，将注意力放在自己的身体上，注意自己的坐姿……放松所有紧张的情绪。

然后将注意力转移到呼吸上来。

注意气体的吸入和呼出。

延长吸入的时长，开始深呼吸。

延长呼出的时长，甚至可以"长叹"一口气。再多试几次。

现在你能想象气体到达了肺的最深处。这时张开双臂，为肺部扩张腾出更多的空间！

注意，有时候你的思绪可能会转移到其他地方，那么只需要将注意力重新集中到呼吸上面。这时候不要对自己太过苛刻，注意力容易分散是很正常的。这只是一个小练习！

再做几次更加愉悦、更加深长的深呼吸。

体会呼吸趋向缓和和平稳时，身体会有什么样的感觉。

有没有感觉到一种平静感或一种沉重感？好好留意一下。

"生活360"（Live Three Sixty）品牌创始人兼身体教练塔姆·托马斯（Tamu Thomas）将放松反应称为人体的"系统安全"机制。激活人体的放松反应，对于调节人体神经系统，以及保证人体其他方面的健康都大有裨益。它可以辅助我们减缓心率、降低血压、缓解压力和焦虑。现在你知道了方法，便可以随时利用这些方法帮助自己进入平静、放松或更专注的状态。

塔姆与我们分享道：

我自己以及我们所有人都应当关注自己及自己心理上的整体性，这样才不至于停留在生存层面，而是上升到更高的层次。分享越多，便得到越多，然后我们不再感到匮乏。这可能听起来过于轻松，就好像人们指责女性仅购买昂贵的运动装备，却根本不运动。这是因为我们生活在一种弥漫着毒性羞耻感的文化当中。在这种文化中，人与生俱来的天性被认为是失当的或羞耻的，我们以自己的天然需求为耻，并认为他人也会以之为耻。

那么还有哪些方式可以激活人体的放松反应呢？

有很多活动都可以做到这一点。然而究其核心，这些方法都在于重置人体的中枢神经系统。祈祷、冥想、念诵都能够让我们进入近乎催眠的状态。而音乐节、礼拜仪式、足球比赛等集体活动，也能将我们的意识带入到类似的状态。

人一旦摆脱了威胁反应的作用，大脑就能重新进行理性思维，我们就能够做出更好、更准确的思维反应。塔姆分享了如下的例子，说明系统安全机制如何帮助我们在职场中获益：

> 如果你无法像别人那样接二连三的开会，或者像他们那样每天工作到深夜，这并不意味着你比别人差。如果你的工作经常需要连续开会，那么就停下来，调整一下呼吸，让神经系统平复下来。是否采用这种工作方式，其实并不影响你和你的工作表现。你可以提出"我需要在会间有 10 分钟休息时间"，或者给自己规定一个午休时间。

> 只有我们在生理上，而不是心理上体会到了一种系统性

安全，我们才能具备满足自身需求的能力。在具备这种能力之后，我们便可以与上司交涉："我最近做了一个实验……在会间休息10分钟，这样能让我工作更有效率，思维更加敏捷。因此，我想申请一下会间休息，可以吗？"

这样的请求，又有哪一位上司能够拒绝呢？！

本书中的所有力量练习，都旨在助你重置神经系统，激发身体的放松反应，改变情绪状态。在接下来的章节中，我们会做更多的相关练习。第二章探讨内在智慧，第三章探讨如何获取韧性，第五章探讨如何进入沉浸状态。

现在我们又回到与伯特开会的场景。当你不再纠结伯特本人及你对他的认识，转而关注自己的心理韧性，会有什么不一样的结果？停下来，将注意力集中在呼吸上，心里想"我可以的，我可以选择自己的反应，我可以应对这一情况，这个人虽然讨厌，但我能保持平静，最终达成我们的工作目标"。使用上述方法转移自己的注意力，然后观察自己的生理和情绪将发生什么样的变化？你现在的感觉怎么样：是否感到自己更为平静，更为强大？

本章小结

人脑是非常强大的。我们可以通过对大脑进行适当训练，生成更为良好的心理习惯。而这些良好的习惯对于实现我们在职场的持续变革至关重要。

本章探讨了感知和偏见如何影响人对现实的体验，并更深入地探讨了内心对话、调整自己的方法，注意到我们的想法如何影响自己的情绪，以及我们如何对自己的行为进行选择。在本章中，我们还讨论了情绪如何体现人体的重要数据，大脑的负面偏见和威胁反应如何导致思维错误，以及如何激活人体的放松反应。

良好的思维习惯有助于我们获得心理韧性，有助于我们利用思想的力量改变对现实的体验，并且对于我们获取促进变革的领导力也大有裨益。在此基础之上，第二章我们将继续讨论如何强化成长型思维及如何运用内在智慧。第二章还将讨论获取变革领导力过程中的身份认同问题，并分析我们所处的人生阶段。在第四章，我们将在此基础之上，探讨内心欲望，以及我们在变革方面能做出哪些贡献。

让我们以一个力量练习来结束本章。这个练习有助于抵消负面偏见的影响，重置中枢神经系统，让我们在一天结束时将自己调整到舒缓美好状态。完成练习之后，请选择一项对自己的评价。

💡 **练习　力量练习：一天之末的反思**

缓慢地呼吸。

回想三件今天你引以为豪的事情。

这些事情让你有成就感。

这些事情美好、有趣、鼓舞人心或有些滑稽。

肯定自己，意识到自己的价值。

继续缓慢呼吸。

💡 复习　反思点

你从本章中学习到的最重要的内容是什么？

你意识到了自己哪些思维性错误？

你希望通过哪种力量练习来培养自己良好的心理习惯？

你会对自己进行怎样的自我肯定？

在进度记录或日记中写下以上问题的答案。

💡 变革进度＋行动记录表

- 正在尝试的做法（为了改变现状而采取的行动）。

- 留意到的现象。

- 计划做的事情或计划学习的内容。

- 打算如何激励自己进步。

- 打算如何对自己考核。

💡 自我肯定

"我已经足够优秀。"

"我事情完成得足够好。"

> "我事情做得足够多。"
>
> "我工作完成得足够优秀。"
>
> "我有能力，够强大，具有做出贡献的才能和天赋。"
>
> "我有智慧，信任他人，完全能够做出正确的抉择。"
>
> "我人格完整，性情真实，值得称道。"

访谈录

达维妮娅·汤姆林森（Davinia Tomlinson）是 Rainchq 女性俱乐部的创始人，她屡获殊荣。而 Rainchq 旨在帮助女性获取长期可持续的财富，依据自己的意愿、按照自己的方式生活。达维妮娅建立的全球社区汇聚了大量能够为企业带来价值的女性，她们为其他女性提供激励、提升与支持。

在访谈中，达维妮娅谈及她在建立女性财务能力方面的变革之举，她是如何冲破系统阻碍，并随时保持乐观自信的。

我是一个变革者，因为我相信，我能够发现自己和身边的人遇到的问题，设计切实可行的解决方案。更重要的是，我能够解决问题，并带动其他人一同发现并解决问题。从更加深远的意义上来说，我热切地希望看到女性能够有所成就，特别是通过积累财富的方式，完全按照自己想要的方式生活。我相信对于女性而言，实现财务自立才是最彻底的自爱。

我注意到女性一直以来在经济方面受到不公平的待遇，女性必须加倍努力工作才能让自己的生活得到改善。在英国，针对不同性别的养老金政策意味着女性雇员退休时领取的养老金仅为同等条件男性雇员的五分之一。尽管《同工同酬》法案已在英国实施数十年之久，当今女性雇员的薪酬水平仍然远不及男性雇员。很明显，这些问题仅仅依赖个人力量无法解决，还需要依靠政府和机构层面的努力。不足为怪的是，据联合国妇女署在 2021 年发布的数据显示，在过去的一年中，新冠疫情导致的经济衰退致使女性更多地承担起家庭事务和子女照顾的责任，这使性别平等状况几乎倒退了 25 年。真是让人想到就异常担忧。

（1）关于韧性。对我来说，韧性就是做好充足的准备，以应对生活中的任何重大变故。这些准备包括经济、情感、身体及其他诸多方面。我并不是要追求一种完美的生活，而是试图构建一个保障机制，以确保我生活幸福，并尽可能防范意外事件带来的不良影响。

当然，这并不是说从此我会生活得一帆风顺，不栽任何跟头，只不过我能做到在哪里跌倒，就在哪里坚强地爬起来，并且能够避免重蹈覆辙。

（2）争取一席之地。我工作的全部内容便是在提升女性财务能力方面采取开创性举措，让所有女性，无论年龄、背景，都可以获取优质的、切合需求的财务知识与建议，以帮助她们实现各自的生活愿景。

一项又一项的研究表明，女性正面临着严重的财务方面的不平等待遇，而其中的很多问题还在进一步加剧。实际上根本无须研究证明，女性在财务方面遭遇的不平等待遇已经显而易见。

能够为彻底改变这一现象贡献一己之力，我深感荣幸。女性应当在社区、社会和整个经济中充分发挥其财务方面的能动性，其能动性的发挥能够产生巨大的涟漪效应。

（3）如何应对反对的声音？初次创业之际，我针对目标客户做了大量的调查研究，试图了解人们对一个由女性设计、专门为女性服务的财务解决方案的看法。尽管大部分受访女性都表示了支持，但仍然有一部分女性并不那么支持。在反对者当中，最好的情况是对这一提案反应冷淡，而更有甚者，她们将为女性制订专门的财务方案视为一种对女性的侮辱。

还有一些男性受访者认为，如果业务专门针对女性客户，那么市场会过于狭小。而要想创业成功，唯一的选择是扩大客户群体，将男性也包括进来。这恰恰给我上了人生的第一堂商业课，让我知道需要勇敢地坚持自己的信念，保持勇气。这堂课对我至关重要，因为我所从事的工作正是帮助女性通过提升自信和转变财务思维，提升自己的财务能力。毕竟，若要帮助其他人具备某种品质，自己首先需要具备这样的品质。

（4）关于做自己。做完全真实的自己，这不仅仅是我独特的销售主张，也是我所具备的超强素质。很幸运的是，在我的成长过程中，已故父亲的谆谆教导让我受益良多。他让我学会要敢于直言，不能退缩。在二十多岁毕业之际，我找到了第一份工作，而在工作中遇到的一位公司高管也进一步强化了我的这一观念。

基于上述观念，我进一步认识到自己能够在职场和在创业领域做出哪些贡献、体现哪些价值。我深入思考了在我所在的这一由男性主导的行业中，女性所面临的诸多问题。我想将此作为最好的礼物奉送给志同道合之人，也给她们一堂终身受益的课。

第二章

变革的自我意识：“你在哪里？”

不有意地、主动地包容，便是无意地排斥。

——安妮·吉恩－巴蒂斯（Annie Jean-Baptiste）

我们将继续探讨有关自我探索的关键概念，这些关键概念是提升变革领导力的基础。本章将探讨成长型思维及其培养方式、"内在批评"的概念及作用，以及如何运用内在智慧深入倾听自己的声音。本章将重点讨论反思的力量，因为反思可以帮助我们摆脱心理反刍。此外，本章还将探讨如何进行内心对话，以及内心对话如何在文化和社会因素制约下发挥更大作用（这一点将在第六章予以详细探讨）。我相信内心对话能增进自我关怀，因而本章也将围绕内心对话展开大量讨论。我们将探索自我领导者的多重身份，并学习如何尊重生命的季节。

调节频道

培养成长型思维

卡罗尔·德威克（Carol Dweck）博士就什么是人类的幸福和成功这一问题，展开了一项元研究。她基于对一组复杂的数据点的分析，构建出一个非常简单而深刻的模型。并基于这一模型，进一步对"固定"和"成长"两种不同的思维进行了对比。

具有固定型思维的人以一种二元的方式看待自身的才华、能力和潜质。有的人认为自己有创造力，有的人认为自己擅长做 Excel 表格，有的人认为自己什么都不擅长；有的人认为自己属于运动型，有的人认为自己属于音乐型，有的人认为自己什么类型都不属于。他们避免挑战，因为挑战有可能暴露他们的弱点或缺陷。失败对他们而言是具有毁灭性的，因为失败说明了他们在某方面有所缺失；而他人的成功对他们则是一种威胁。总之，固定型思维源于一种匮乏感。

而具有成长型思维的人则认为，自身的才华、能力和潜质是可以成倍拓展的。他们相信自己能够学习、成长和改变，相信自己能够开发创造力、学习 Excel 表格、获得运动能力或音乐鉴赏能力。他们把错误和失败当作学习的机会，将他人的成功当作激发灵感的契机。他们从他人的成功中，可以看到自己的可能性。挑战和障碍使他们学习和成长。总之，成长型思维植根于一种**丰裕感**。

德威克博士在研究中使用了"有待"这一表述。"我在……方面有待精通，我在朝这一目标努力，我在学习，我还并不完美。"成长型思维是一种宝贵的财富。随着更深入地阅读本书，读者将更加深刻地理解自己在各个不同社会体系中的作用，知道自己如何构成维系各种体系的基础，洞悉存在于人们心中的偏见，知晓应对和消除偏见的方法。在自我变革的过程中，我们往往会面临他人的"公开指控（call out）"与"私下纠正（call in）"，这时候成长型思维将会对我们大有裨益。

一次在我与心态培训师克里·贾维斯（Keri Jarvis）的聊天中，她谈到进行自我变革的目的。她所表现出的成长型思维让我感到非常惊讶：

> 我之所以投身自我变革事业，是因为我意识到自己竟被愚弄如此之久，我以前居然认为身边的一切都如此合理。自女权主义觉醒至今，已有八年之久，但我仍然时常听闻一些我未曾想到的不公正现象。我们不能因为自己还不是专家，就放任不公正的现象发生而不作为。我们必须分享已有的认知，并据此采取行动。就我自己而言，我需要回顾自己的职业生涯，反思自己说过的话和做过的事。因为只有这样，我才知道自己在学习和成长方面是否还有进步的空间。

别让自己"承担"太多——"内在批评"及其分类

"内在批评"是大脑为我们建立安全感的一种心理过程，是人类特有的一个功能。通过指出可能出现的问题，"内在批评"帮助我们判断特定情况、评估内在的风险，并预判行为可能产生的不良后果。"内在批评"的另一个功能是让我们畏缩不前——如果我们让"内在批评"过分干预、分散我们的注意力，或在我们内心占据主导地位，我们有可能会因此止步不前。

"内在批评"往往表现为不同的形式，或者有不同的侧重点。以下是一些例子：

● "内在批评"以完美主义的形式出现，让我们对自己和自己的工作表现感到不满。这种声音阻碍我们在自身和工作上展现自己，因为我们害怕被拒绝、害怕不被认可、害怕不能满足一贯存在的高标准。我们因此拖延重要的工作任务乃至推迟完成工作目标，或者由于过度关注细节而错过更大的机会。

● "内在批评"也可能体现为设定大量的规则和界限。这些规则和界限保护我们的安全，让我们退却，使我们畏缩，使我们不至于尴尬或出丑。当我们听从这个声音时，我们会束缚自己，不去做我们认为自己有能力完成的事情。

● "内在批评"可能驱使我们表现出一种刻苦努力的品质。它让我们坚信，只有不断鞭策自己、不断维持高标准，才能确保自身的安全。然而后果是我们的快乐和喜悦被削弱，我们不再重视生命中重要的东西，我们不再看重休息和享乐。

● "内在批评"可以表现为强烈的**从众倾向**。它让我们迎合他人的期望，从而避免被他人拒绝或排斥，避免被排除在其他人的"内团体"之外。它让我们认为这些就是规则，认可这种融入社会的方式，接受自己应当迎合社会（或者家庭、职场、社群或外貌方面）的标准和期望。我们不能与这些期望背道而驰，否则就会被社会群体拒之门外。

💡 **练习　力量练习：聆听内在的智慧**

调整频道以聆听内心的对话。你是如何和自己对话的？

要留意诸如"应当""应该""总是""从不"之类的词语。

你的"内在批评"是以什么形式出现的？

你从自己的内心对话中识别出了以上哪些特征？

我们可能会感受到一个令人惊喜的顿悟时刻。我们意识到"内在批评"的声音长久以来竟一直存在，竟如此真切，我们竟一直没有察觉！我发现在我所培训过的学员当中，行动主义者、变革者和有意识的领导者这几个群体，内心都有非常强大的"内在批评"的声音，并且他们的"内在批评"往往是以刻苦努力的驱

动者和完美主义者的形式出现。他们关于变革的决心和所秉承的核心价值，已经超越了他们对于自身幸福感、创造力和快乐感的关注。因此，如果你发现自己能改变这些固有的模式，减少"内在批评"的主导作用，你将有可能得到巨大的启示和解脱！对于我认识的许多女性领导者而言，这绝对足以改变她们的生活。

"内在批评"会固化我们的错误思维，强化大脑陷入偏见的神经通路和方式，对于这一点我们在第一章中已经有所讨论。大脑的固有机制使得"内在批评"的声音变得强大，而这些声音进一步演变为习惯思维。习惯思维又通过社会信息的传递，得到强化或受到制约。例如，学校通过奖惩制度教导女孩子顺从，或年轻女性因为害怕受到诸如自命不凡这样的指责而变得唯唯诺诺。我认为，我们可以有意识地将"内在批评"的音量调低一些。下文在探讨内在智慧之后，将会专门介绍如何调节"内在批评"的音量。

在进入下一个话题之前，我想请大家思考一下"内在批评"向我们揭示了什么？我们收听"内在批评"的声音，也能同时听到支配着我们的潜在信念，即我们所遵循的生存规则。了解了这一点，对我们进一步了解我们进行自我变革或自我领导的动机和方式，具有极大的帮助和启发。判断"内在批评"的出现形式，了解其根源，亦是降低其对我们影响的前提。

内在智慧及其运用

内心的对话也包括内心向导的声音，体现了你更深层次的智慧。你的这部分无限善良、富有同情心和智慧，能够了解自己并看到自己的潜力。内心向导的声音鼓励我们、支持我们，是我们内心的啦啦队长！当这种内在智慧发挥作用时，我们可能会体会到一种清晰、调和、宁静与联结，这时候我们正在调节到直觉频道。内在智慧的声音可能很小、很轻，有时甚至只是一种耳边私语。内在智慧有时表达为语言，有时表达为感官、图像、感知，甚至颜色。然而，我们所能学习到的最强大的技能之一，便是创造机会以便更深入地倾听内在智慧的声音，这是我们给自己最好的礼物。

让我们现在开始调节频道，更深入地聆听内在智慧的声音吧。

💡 **练习　力量练习：控制内在批评，调动内在智慧**

首先注意到内在批评的存在，进而控制内在批评。

直面内在批评，聆听批评的声音，可以让批评的声音渐趋缓和。

与内在批评交流

内在批评说了些什么？

它有什么意图？它试图如何保护和帮助你？

现在你告诉它:"谢谢你,听见了,明白啦。"

你身体方面有什么信号?

将注意力从大脑转移到身体……你注意到了什么?感觉到生理上的疼痛或紧张了吗?留意一下。

有时候上述做法足以改变你当前的状态和想法,有时候则需要更进一步,尝试以下方法:

记录内心批评的内容

● 写下来

将内心批评记录下来,然后便将之从我们脑海中抹去,这本身便是一种限制内心批评的方式。我们还可以换一个思路看待内心批评。我们是否会以同样的方式与自己最好的朋友(或其他任何人!)交谈?这样思考可以帮助我们正视内心批评的声音,并意识到其局限性。我们得以质疑内心的想法,发现思维定式并决心改变思维定式!我们得以质疑内心的限制性信念:"这是真的吗?"

● 改变自己的状态

1. 在自己能力范围内,运动一下身体:跑上楼梯再跑下楼梯、做五个开合跳、做一个瑜伽的拜日式动作、做几个肩部环绕动作。

2. 将注意力集中在呼吸上(参考第一章力量练习)。

3. 播放一首最喜欢的舞曲,伴随着音乐唱歌或跳舞,或者一边唱歌一边跳舞！

● 调低内在批评的声音

1. 调低内在批评的声音。想象我们能够像使用电视遥控器的音量键那样，调低内在批评的声音，轻轻按一下自己的"<"键。

2. 动用想象力，压制内在批评，降低其功用。

3. 在想象中将内在批评从心里的显著位置挪动到不显眼的地方。

● 重构

1. 转变"如果……怎么办？"的想法，用"……那又怎样"取而代之。

2. 最坏的情况会是什么样子？在脑海中想象最坏的场景，并写进日记。事情真有这么糟吗？这种情况实际发生的可能性有多大？如果真的发生，我有办法应对吗？

3. 面对必须马上完成的事情，改变"我必须做"的想法，用"我能做到"取而代之。

4. 提醒自己，你可以轻轻地鼓起勇气。

5. 以进步为目标，而不以完美为目标。用"做得够好"要求自己，而无须要求自己做到百分之百。

● 正视内心批评、直面内心批评，并进一步瓦解内心批评。

- 提醒自己可以：

  – 寻找能力的平衡，知道自己在一定时间内能够做到些什么。

  – 寻求生活的平衡，同时致力于多个生活目标。

  – 先做能给自己带来快乐的事情。

  – 进步更快，创造力更强，更少地批评自己和他人。

- 使用自我肯定（参见本章末）。

- 倾听内在智慧的声音：

  1. 内心最为智慧，最具同情心的那部分对你说了什么（让内在智慧出场）？

  2. 你会对你最好的朋友提出什么样的建议？

  3. 让内在智慧告诉你，当前最重要的事情是什么。

  4. 耐心倾听、缓慢呼吸、敞开心怀，倾听内在智慧的声音。

如何开始转变？

我建议你每天进行练习，调整内心的频道，聆听内在智慧的声音！记住，你在训练自己的力量，让自己更加具有变革能力。全书中的其他力量练习将聚焦于能改善注意力和聆听能力的方法，帮助我们更好地降低内在批评的效用，更加理智，而未必是全然地聆听内在智慧的声音。

如何运用反思摆脱心理反刍？

在本小节中我会一直鼓励大家增进自我关怀，并说明如何在内心对话中强化自我关怀。要记住，内心对话和良好的思维习惯是实现自身幸福感、心理韧性和变革领导力的基石。

那么，我们首先来聊一聊心理反刍。心理反刍足以让我们陷入负面情绪的恶性循环中。我们来看一个例子：

我最近在负责组织一项大型的团体活动，然而活动的进展却并不如想象中顺利。于是，我开始调整内心的频道，聆听内在批评的声音。我发现我的内在批评正发出强烈的完美主义信号，不断强调要更加至善至美，一直聚焦我处理得不够好的方面。每每想到我是否给客户带来了足够好的体验，我的内心便泛起阵阵羞耻感和愧疚，这让我自责不已。这种感觉很糟糕。

我陷入了一种思维循环，脑海中一直反复回想各种细节，总是回响着"他说……""本应""应该"。在一天中的任何"休息时间"里，我的内心对话都充斥着这样的声音。稍一有点空闲，我便开始反省自己为何没有这样做，为何没有那样说。午夜醒来，我思绪万千，心情复杂。

于是，我思维的负面偏见得以强化，大脑进入威胁反应机制，思维性错误泛滥，甚至出现过度概括和小题大做的倾向（"我简直错得一塌糊涂！""我再也不会重蹈覆辙！"），我轻率地下结论

（"客户不会再和我们合作了！"），我的选择性注意过滤了客户所有的积极反馈（"这个不算！"），我开始将问题个人化（"这个项目做得太差了，一定是因为我能力不够"）。这种心理反刍滋生内在批评，引发更多负面情绪，甚至会带来自我限制性信念。这种感觉太糟糕了！

你也有过这样的经历吗？！

心理反刍是指人在大脑中反复回味某件事情的心理过程。这种心理可能是基于过去的经历，对过去感到懊悔："我希望我当时……""我那时候应该……""我本应当……"；也可能是基于未来，对未来感到焦虑："如果……怎么办？"而这两种心理都会让我们倍感困扰。

而反思能帮助我们摆脱心理反刍，真正回到当下，而不再专注于过去或未来，可以让我们转换到一种更加积极的状态，有助于我们形成成长型思维，让我们得以健康成长。反思是实现个人发展的重要手段。

摆脱心理反刍

那么，如果你被心理反刍困扰，午夜惊醒，思绪纷扰，你应该怎么做？如何才能摆脱心理反刍？

💡 **练习** 力量练习：摆脱心理反刍

1. 注意——注意到自己已陷入心理反刍，并及时干预！对自己叫停。我的一位朋友在进行干预前，会给自己 10 分钟的缓冲时间，然后有意识地让自己转换到反思状态，或者转换到其他思路。

2. 中止——中止当前的思维过程和思维模式，站起身来，四处走动一下，改变身体的姿势，切换视觉距离，伸展眼部肌肉。

3. 情绪应对——出去走走，找朋友聊聊天，给自己语音留言，写写日记，描述一下自己的感受。

4. 学习——使用以下三个黄金问题，帮助自己摆脱心理反刍，从而进入良性反思：

a. 我学到了什么？

b. 今后我会做出哪些改变？

c. 有什么事情让我心存感激？

5. 自问——在心理反刍过程中，涌现出了哪些关于自己的信念。其中哪些是限制性信念？哪些是强化性信念？

6. 自我肯定——利用自我肯定以改变自身信念。

增强领导力与强化变革者身份

身份交叉问题

我们来探讨一下我们作为变革者和变革领导者的身份问题。

在实现领导力的过程中，你呈现出何种身份？你如何获得领导力？基于金伯莉·克伦（Kimberle Crenshaw）和派翠卡·希尔·柯林斯（Patricia Hill Collins）的研究，我绘制了身份交叉示意图（图 2-1）。图 2-1 显示了我们拥有的交叉身份及其相互重叠关系。交叉身份不止会影响我们在职场和其他环境下的状态，还会影响我们在上述环境中的生活体验。

在此就特权问题作一些简要说明。一旦我们的某种身份"符合"社会"规范"，比如在职场文化中，如果拥有某些"默认"的领导者身份，如作为男性、体格健全者，人们便会获得某种特权，或称作天然优势。反之，若我们的某种身份不符合以上规范，则可能会受到排斥。我们不得不改变自己以适应社会规范，否则便会被视为社会文化的"外团体"。一旦我们偏离了社会"规范"，就需要付出加倍的努力，才能接受和认同自己的身份和生活状态，寻找认可和接受我们身份的环境。这个问题一方面不易捉摸，没有统一的解决方案；另一方面非常突出，亟待我们努力解决。在本书第六章，我们将就这一问题做更多讨论。

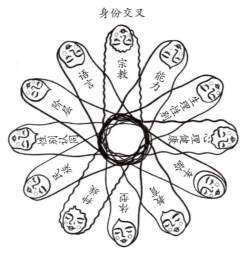

身份交叉

图 2-1　身份交叉示意图

你的交叉身份

现在我们通过以下的反思点小练习，思考自己的交叉身份。

💡 **反思点**

根据上述图表思考，自己拥有哪些身份？

哪些身份便于讨论？

哪些身份比较难于启齿？

哪些身份比较易于为外人察觉？哪些身份不易为外人所知？

还有没有什么遗漏？哪种身份让你开始"审视"自己？

你能否更加深入地剖析自己并且探寻原因？

你对自己身份的认识是否受到交谈对象和你所处环境的影响？上述因素是如何影响你的？

_____

_____

"远离"与"亲近"

注意，我们可以从一些表面身份入手，如"我在学校最喜欢的科目是数学""我喜欢踢足球"，逐渐深入探寻不同群体间的区别性特征。正是这些特征让人与人之间得以建立联系。

认识自己和他人的身份能够帮助我们同他人建立更深层次的联系。而我们可以通过倾听、好奇、询问、探究、打探，或者通过与对方分享、向对方透露、告知对方细节等多种方式，了解自己和他人的身份。

下一次参加工作会议时，你可以趁机探寻其他与会者的身份。观察一下他们具有何种身份，哪些身份让你感兴趣，哪些身份让你觉得亲切？你产生了哪方面的好奇心？你与他们分享了什么，或没有分享什么？

哪些人能同你建立融洽的关系？你们如何迅速在人群中建立各种小型的"内团体"？你将哪些人排除在外？哪些人不愿意倾听和分享？哪些人在刻意"远离"他人？

审视自己的多重身份，思考其如何反映了人类经验的多样性。留意自己对他人的哪些身份感兴趣，会刻意"亲近"哪些身份群体。对我而言，每当进入一个有很多人的房间时，比如在参加会议或者社交活动的时候（事实上我害怕人多的地方），我会不自觉地被年轻人和女性群体吸引，你呢？这是大脑的一种生存机制，让我们不自觉地接近感觉熟悉和安全的事物。这种威胁反应机制一方面给我们带来安全感，另一方面也造成了我们的思维偏见（详见第一章和第六章）。

那么你又会想要"远离"哪些身份群体？你的看法和偏见对自己产生了什么影响？我们来举个例子。例如，你对有文身的人会有什么看法？文身会让你产生什么样的联想？可能其中一个想法便是"这个人一定蹲过监狱"。之后"监狱"这个想法让你进一步产生各种联想，使你意图远离此人。而如果你与这位文身者成为朋友，进而发现他并没有进过监狱，那么你便突破了自己的思维局限，改变了自己对"文身"的认识，并且因此摆脱了自己的偏见。

现在回到我们刚刚举例的那次工作会议。现在既然我对包容有了更多的认识，我便得以在人群的"边缘"发现其他的人，能够退后一步，冷静观察，寻找那些感觉被边缘或被排斥的人。我与至少在表面上与我有明显差异的人开始交谈，我突破自己，寻求同他们建立联系与共鸣。

奇妙的是，当我们选择带着好奇，有意地超越明显的共同点和经验认识，深入探究时，我们便能够发现共同的人类经验，超越差异，建立良好的人际关系，突破表面身份差异带来的阻碍。

💡 **示例** 我和我的身份

我很清楚，对我而言，我清醒认识并谨慎提及的身份便是我的信仰基础和教育背景。然而，这一身份既可能让我获得认同，也可能让我受到排斥。这取决于我所处的具体环境，以及我对该环境的认识。

我从事领导力开发顾问和指导工作，在一对一以及团体辅导的过程中，我需要迅速建立与他人的信任和联系。

在某些情况下，我觉得我可以提一下自己的教育背景。向谈话者表明我曾就读于"剑桥大学"，可以让我获得对方的认可。这是因为"剑桥大学"本身就附带丰富的信息。另外，当我所在的地方由男性主导，或者其他人都资历颇深，特别是在早些年我资历尚浅，往往在人群中年纪最小，并且是唯一女性的时候，我会有意地提及自己的教育背景。这样会使我获得重视，让我足以证明自己有资格与其他人共处一室，并向他人传递"我是凭自己的能力站在这里的"这样的信息。而当我想到这里，在此同你们讲述这段经历的时候，我认为这种做法实际上是有问题的，因为这事实上意味着我接受了因为自己的性别身份而被贴上的各种标签。

而在其他一些情形（往往是大部分情形）下，我不会以"剑桥大学"毕业生自居。因为这个话题可能使我与对方疏远，与对方产生隔阂，不利于构建双方互信融洽的关系。我往往会选择等到双方已经建立起友好互信或者合作的关系之后，再告知对方这一信息。而在某些情况下，由于我的这一身份对当时的情形来说并不太重要，我就不会有意去提这个话题。

在一些咨询过程中，我能够与客户建立一种共同的信仰基础（尽管双方存在很多差异，并且由于个人经历和理解上的差异，双方对信仰的理解不尽相同）。在这种情况下，我会尽可能地与客户谈及我们的共同信仰，使用微妙独特的语言，分享自己在其他地方工作的相关经历。这有助于我与客户建立融洽、互信、亲近的关系。通过寻找这些共同点，双方建立起相互联系和安全感。而在其他情况下，我并不会提到自己的信仰身份，甚至还会有意回避。我只会在认为必要并且"安全"的情况下才会向他人吐露自己的信仰身份。

在上述例子中提到的都是我的非显性身份，因此我可以自行选择是否呈现及如何呈现这些身份。

请使用以下的反思点，对自己的身份展开思考。

> 💡 **反思点**
>
> 你呢？你会选择呈现自己的哪些身份？
>
> 在什么情况下，你会隐藏或筛选你的哪些身份？
>
> 为了同他人建立融洽亲近的关系，你会选择有意显露哪些身份？
>
> 你的哪些身份让自己感觉真实可信？
>
> 这对你的变革领导力有何影响？
>
> _____
>
> _____

我想再次提醒大家，本章旨在加深我们的自我意识，帮助我们获得变革领导力。现在让我通过一个比喻来进一步探讨"你在哪里"这一问题。我们将人生的不同阶段比作一年的四季。

人生四季

我们可以将人的生命和成长过程，比作不同的季节。大自然有不同的季节、气候和月份，而我们的工作项目、精力持续性、甚至女性的月经，也都有相似的节律：

春天是新的开端，充满盎然生机。

夏天是最引人注目的季节，繁花似锦。

秋天是丰收的季节，硕果累累，是细节导向的阶段。

冬天是休息、疗养、恢复和总结的季节。

每个季节都有自己独特的活力，四季循环往复。通过季节的比喻，我们可以更为深刻地思考"你在哪里"这一问题。

我们可以将人生的不同阶段看作四个季节。如，生命的初期便是充满生机的春季，生命的中期即是繁花似锦的夏季和硕果累累的秋季，而生命的后期是休养生息的冬季。

自然四季交替变化，当然，在不同的地理位置，如北半球和南半球，气候季节会有些细微差异。我居住在英格兰北部，我喜欢这里的四季分明。这里夏天短，日照时间长，活力四射，温暖和煦；秋天树木变化、色彩斑斓，我非常喜欢；冬天阴冷昏暗，常有雨雪风霜；春天繁花似锦，羊羔初生，充满希望。人生也犹如这自然四季，每个季节各有其美好。

而我们经手的工作项目，也犹如这自然四季。一个项目要成功，需要经历以下几个重要阶段。首先是早期的项目构思与策划，以及项目与实施路径设计（春季），接着是项目交付与实施（夏季），然后是项目收尾与成果确认（秋季），最后项目实施暂告段落，进入评估和反思阶段（冬季）。如果项目未能通过评估，那么整个项目又从头开始。我们往往手上同时处理不止一个项目，因此会同时经历不同的季节阶段。

生活的四季节律

认识到生活也犹如大自然四季，会交替起伏，会对我们的生活产生积极的影响。

但主张生活具有季节性或者周期性节律，这与主流文化，尤其是西方文化是背道而驰的。因为我们的社会实际上推崇的是一种一直努力前进、积极奋斗的文化。这种文化要求我们始终奔忙、始终奋斗、始终向前，而无论是个人层面还是社会层面的幸福感都受到忽视。即便稍有强调自我爱惜，也是为了让人们更好地振作起来，得以继续奔忙和奋斗。而人们在职场中的价值体现为他的产出能力和产出结果。

当你关注到身体的能量每天、每周、每月的变化时，你会发现人体的能量并非线性上升的，人并不是始终处于激昂奋斗的状态，而是有起有落。

认识到生活的季节和周期节律，也就是认识到人生有起有落。一方面我们有激昂和奋斗的时候，另一方面也有平静和休整的时刻。大自然美妙地呈现了这种模式。在自然界，万物都有自己生长的节律，不被任何力量强行推动。

变革是一项艰苦、纷乱、繁复的工作，需要大量的精力！如果我们期望自己总能处于激昂和奋进的状态，那么我们会因此而精疲力竭。因此，我们需要学会调控自己的节奏，实现一种平衡。

保持生活和工作的周期性和季节性，对于提升我们的心理韧性具有重要意义，可以帮助我们保持自身的可持续性，确保我们能够为变革事业做出更大贡献。

现在，请使用以下反思点，思考你当前所处的生活季节。

💡 **反思点**

1. 你当前处于人生的哪个季节：春季、夏季、秋季，还是冬季？

2. 你在生活的各方面处于什么季节？

a. 生意、整体职业生涯

b. 家庭生活

c. 某个工作项目

d. 某段你很看重的关系

3. 你是否注意到你的能量的变化？什么事情让你精力充沛？什么事情让你筋疲力尽？

4. 做什么事情的时候总是让你感到精力充沛，你是否觉得自己永远活力四射（比如总是在春夏之交）？

5. 在生活的周期中，你对哪些季节关注较少，甚至完全忽视？

_____

_____

遵循季节节律，应该注意以下方面：

1）往往我们生活中需要同时应对多件事情，在某一件事情上我们可能处于一个季节，而在另一件事情上我们可能又处于另外一个季节。

2）对于不同类型的事情，季节循环往复的周期不尽相同。

3）不应该集中精力处理某一件事情的某一个季节周期，而全然不关注其他事情，这不现实！

4）意识到我们所处的不同季节阶段，对我们有什么意义呢？我们可以根据季节的不同，调整自己。哪怕我们只在百分之十的程度上与季节调和，我们的生活就已经能有很大的不同。

5）尝试每周转换不同的季节，或者一天之内尝试一下体验四季的交替。

💡 **示例　工作与业务中的季节节律**

我当前的工作正值夏季，需要保持精力充沛，积极与他人联络，在社交媒体或者播客等媒介提升曝光度，召开客户会议，进行周到的会议安排。外部的工作需要大量的精力，然而我刚好处于月经期，身体内部正值体力的冬季。因此，我需要平衡自己的身体状态和工作对我的需求。

某创意项目临近尾声，但我依然感觉活力不减（仍然处于春季），于是想要直接进入下一个项目；抑或我感觉筋疲力尽（已至冬季），便想干脆直接休整。可是上述两种情况都将导致我错过宝贵的秋季。秋季是鼎盛的季节，是项目落地和最终收尾的时段。倘若错过秋季，便会累积很多问题（比如没更新账目，没开具发票，或者没及时充分的学习和总结，以至于总是重复相同的错误）。

当我有意识地关注业务项目的周期性问题时，我发现自己更多地处于春季，因为我喜欢策划、撰写新方案、寻找新思路。我同时也喜欢冬季，因为冬季舒适、安静，是蓄积能量的季节。但我不太喜欢总结回顾的秋季和勇于尝试的夏季。然而，我留意到我业务蒸蒸日上的时段，却经常是在我关注各种业务细节的时段（秋季），或在我全力以赴提升曝光度的时段（夏季）。

遵循季节和周期节律生活有很多好处：

√ 少一些催促、少一些忙乱、少一些折磨

√ 得以放松、平衡、恢复生机

√ 避免女性生理周期过度劳累

√ 让自身更可持续，更能为变革做出贡献

下面的表 2-1 和反思点将展示季节节律在生活和变革事业中的应用。

表 2-1　恪守生活的四季

如果你正值……	请关注以下事项……	你在这个季节想要做出哪些改变
春季	探索新的开端、新的机会，规划想法和计划，让细微的想法开始蓬勃发展	
夏季	寻求知名度、晋升、新人脉、合作，同时享受其中的快乐	
秋季	完成重要项目，完善每一个细节，项目达成，总结学习	
冬季	休整、评估，直觉性和创造性思维，自我疗养	

💡 **反思点**

1. 你更加关注哪个季节？

2. 你知道要怎样最大化地利用这个季节的特点吗？

3. 欣然接纳这个季节，会为你带来什么样的变化？

4. 你可以怎样更好地遵循这一季节的规律，哪怕只比以前做得好十分之一？

5. 这个季节给你带来何种好处？

现在回过头来看看上面的答案：

你是否有所顿悟？

这个练习让你注意到什么？想要改变什么？

本章小结

本章就"我在哪里？"这一有关自我认识的现实问题，透过独特的视角进行了深入探讨。

本章第一部分探讨了内心对话，即内心话语的重要作用。我们得以正确看待内在批评，充分利用内在智慧，培养成长型思维。这部分还探讨了如何摆脱心理反刍，从而进入良性的自我反思。上述能力对我们获取变革领导力至关重要。

第二部分探讨了变革领导者的身份问题，通过交叉身份示意图，探讨了我们在变革领导过程中具有的交叉身份。

第三部分讨论了大自然春、夏、秋、冬四季交替给我们带来的思想顿悟，以及遵循四季节律对我们开展变革工作的重要意义。

目前为止，我们已经练习了"聆听内在智慧""压制内在批评"和"摆脱心理反刍"。

在接下来的第三章，我们会练习提升心理韧性！

💡 **复习　反思点**

本章给你最重要的启发是什么?

有关内心对话和成长型思维的内容给你什么启示?

你的内在智慧告诉你什么?

你处于生活中（春、夏、秋、冬）哪个季节?

想想你所在的职场，在你的组织文化中最为推崇的是什么季节?

为了养成健康的心理习惯，你会践行哪些力量练习?

在你的变革进度记录表或者变革日记中记录上述问题的答案。

💡 **变革进度＋行动记录表**

● 在学习上述内容之后，我准备采取这样的行动（你即将采取的变革行动）。

● 我现在正在实验这种做法。

● 我正在注意到这一情况。

● 我打算继续保持这种做法。

● 我采用这种方法对自己进行监督。

💡 **自我肯定**

"我在调整频道，收听自己的声音。"

"我能听见内心导师的声音。"

"我能压低内在批评的音量。"

"我相信自己的内在智慧。"

"我相信自己的身体。"

"我相信我生命的时机。"

"我遵循生活的四季节律交替。"

"我还不老，现在开始也不晚。"

"过去的就让它过去，留出心力拥抱新事物。"

"我今天已经做得够好了。"

"我当前已经准备好开始做下一件事情。"

访谈录

卡莉拉·琼斯（Khaleelah Jones）是一位工商管理硕士和新媒体博士，曾荣获 2020 年科技女性 100 奖（TechWomen 100）、进入 2020 年国民西敏寺女性奖决赛（NatWest everywoman Awards）、荣获 2018 年女性创业家奖（Next Women Pitch）。她曾经担任美国健康管理服务公司 Welltok 公司市场营销主管，在此期间她在 6 个月内将公司用户数量翻了一番，并帮助公司获得了 1800 万美元的 B 轮融资。之后她创建了数字营销企业 Careful Feet Digital，并凭借自己成功的运营经历屡获殊荣。

在与卡莉拉的访谈中，我们聊到她的变革之举，她所遇到的阻碍，以她如何保持心理韧性。

我是一位变革者。作为一名女性，我同时担任两个公司的首席执行官。即便并非首例，但像我这样的女性担任高管，尤其是担任两家企业的高管，也属罕见。我希望今后能有更多的女性在商界和其他领域担任高级管理职务。

我的整个职业生涯几乎都在和初创企业和小企业打交道，我自己也是一个小企业主。因此我尤其擅长为企业实现短期快速增长，以及利用有限的资源实现企业效益的最大化。另外，作为女性，我有许多独特的经历可以同大家分享。

（1）**克服职场障碍与偏见**。缺乏人脉是职场进阶的一大阻碍。各位应该都认可人脉关系对于职场进阶意义重大，因此，我对自己取得的成就倍感自豪，因为所有一切都是我通过自己努力获得的。我也常想，倘若我有更为强大的关系网，或者更为显赫的背景（例如家族企业或者家族创业背景），我的成就可能不止如此。我可能能够更快地获得资金和拓展业务。而我当前的成就，都是通过自己的努力获得的。

（2）**心理韧性**。我在头脑中保持清晰的目标，并且经常回顾它们，这可以帮助我每天保持专注。

（3）**合作互助**。我尽可能地发挥自己的影响带动作用。对任何人我都不吝帮助与扶持，哪怕她们与我是业务竞争关系。我通过日常工作、播客，还有社交活动，扶持她们的事业发展，扩大她们的影响力，帮助她们形成并分享自己的想法。

访谈录

劳伦·柯里（Lauren Currie）是一个女性社区创始人，该组织以提升女性和边缘化社群的信心、知名度和权力为使命。她还是知名反生育歧视组织"怀孕就完蛋（Pregnant Then Screwed）"的主讲人、主席，曾被 Elle[①] 杂志评为改变世界的女性，被《现代管理》（Management Today）杂志评为35岁以下顶级女企业家。2017年，劳伦·柯里由于其在设计和多元化方面的贡献，被授予大英帝国勋章。她生长于苏格兰，目前与家人定居斯德哥尔摩。

在与劳伦的访谈中，我问及她在变革工作中如何找到目的感，如何克服障碍、偏见与反对，并问到她当前的成就对她的意义。

我是一名变革者，因为作为女性，我别无他选。

女性并非生来就次于男性，是这个社会让我们有了这种想法。我致力于改变的恰恰是这一现象。我并非要改变女性本身，而是

[①] 1945年创刊的法国时尚杂志，是一本专注于时尚、美容、生活品位的女性杂志。

想要改变父权制对女性的奴役。正是这可恨的父权制让我们不得不致力于改变。

我23岁开始自己创业，当时的我并不为业界所认可。然而随着业务的增长和影响力的扩大，我逐渐开始受邀出现于一些传统上的重要场合。往往我是这些场合中唯一的女性和年纪最小者。这让我开始思考其他女性的境遇和感受。

我尤其信奉行动主义和多元交叉原则。因此我关注群体进步而非个人进步，强调突破舒适区而不是沉迷于舒适。我的领导风格并不是只由我一个人点亮一间屋子，而是鼓励屋子里的每个人都打开自己的灯，共同点亮房间。

对于受歧视群体的感受，我略有了解。我有时也感到沮丧，感觉举步维艰。

在不久前我才认识到，我所遭受到的不公，只是冰山一角。

我没有哪一天不遭受偏见，不感受到强烈的年龄歧视和性别歧视。

我也常常感受到来自旧势力的阻挠，即男性对于女性平权运动的抵制。这种斗争旷日持久。我从另外的角度来看待这件事：

1）我将它视为一个学习应对偏见的机会；

2）我将它视为一个更好地支持女性平权运动的窗口；

3）我把愤怒转化为行动，转化为我工作的动力。

每当遇到反对意见时，我都会试图寻找原因。我尽量表现出理解包容、妥善处理和自我关怀。我提醒自己要利用自己的影响力，并告诉自己付出是值得的，这是为了实现性别平等必须付出的代价，是自己必须做出的牺牲。

我们当前的工作，不单是在推进女权运动的发展，还会带来其他诸多方面的影响。从价值观和行为方式上看，我们的工作具有交叉、多元、包容、公平的特点。我们的目标还包括保障全民基本收入和提供全民医疗保健，让这个世界人人平等。

第三章

机遇创造韧性："你还好吗？"

竭尽全力，深入了解，更上一层楼。

——马娅·安杰卢

你上次小憩是在何时？

说真的，不开玩笑，你上次决定在白天睡觉或休息是什么时候？是因为什么？

参加或领导变革性工作，虽然可能会给你带来一种满足感，但同时也很累人。在这一过程中，你既会有热情洋溢、全身心投入的时候，也会有疲惫倦怠、毫无干劲的时候。失望和怨恨会不断发酵。

无论你是否选择在社会变革领域工作，新冠疫情已经影响到我们所有人。根据权力和特权的不同，人们在这一时期的经历也大不相同。面对疫情带来的恐惧、损失和悲痛，再加上封锁、隔离和经济政治波动带来的不确定性，我们感受到了前所未有的压力和紧绷。面对持续不断的政治动荡、社会不公、环境和气候灾难这一切噩耗，我们会选择性地自我麻痹，放任自我在迷雾中原地打转，直到精疲力竭。所有这些都是人类的正常反应。累积的疲惫是真实存在的。

无论你的出发点是什么，作为变革者，作为领导者，作为普通人，优先考虑我们自己的韧性、可持续性和幸福感是非常重要的。

本章涵盖的主要内容有：

重新定义我们的时间概念，打破忙碌的神话；

从关注时间管理转向关注精力管理；

跟踪把控我们的精力和忙碌期，持续重置我们的中枢神经系统；

创建我们自己的韧性地图；

体验热门的可视化；

设定我们的目标，并制定一个早晨的日程。

> 韧性是我们从艰难、逆境和挑战中恢复过来的能力。它是我们构建的精神、身体、情感、关系和生态力量。当我们遭受挫折时，韧性支撑着我们走出阴霾。

忙碌使我们线性单一的时间观转变为弹性多元的时间观

大家都知道要想实现自身可持续发展，我们需要自我关怀。关于这一点，在大多数情况下，我们都知道该怎么做：比如多吃有营养的食物，按时睡觉，坚持运动，多喝水，定期休息……但知道做什么事情对自己最好和实际去做之间往往还是有差距的。

我们**自我关怀的意愿**会通过我们的言语表现出来。你有没有说过"我很忙""我受不了了"之类的话？

在我们的文化中，忙碌是一种荣誉的象征。因此，关于韧性的图书、研究和思想可能更多地将关注点放在强调生产力、时间管理和自我突破上，或者，它们会将自我关怀描述为对生产力的一种回报，或是为了使你能够"恢复"峰值生产力所采取的手段。社会告诉我们，我们不需要深度休息，我们休息的时间只要能帮我们继续前进，保持高效即可。"我太忙了"可以被看作一种默认设置，它创造了一种文化，成为一种规范。在社会中，我们经常会被灌输"优秀员工""优秀公民"是什么样子的。虽然这些形象现实中并不常见，但我们的身体总能不自觉地感受到它的存在。

倦怠是一种**症状**。

倦怠建立在性别歧视、能力歧视、年龄歧视制度下。在这种制度下，我们的价值是我们人类身体能够生产和消费的东西。在这种情况下，就会产生催促、压迫和倦怠。同时，它也是建立在缺乏的基础上，让我们成为服从该系统的"小工"。

　　我发现"韧性"这个词是个棘手的概念，因为在我待过的那些竞争激烈的部门中，管理者把它用作把"无法完成"不切实际的要求、工作量放在个人身上的借口，而不是从组织工作量的分配合理程度上找原因。对工作人员施加不切实际的压力，很可能会使他们产生严重的心理疾病。我希望我们日后的关注点能更多放在"机构基于现实的期望"，而不是"员工个人的韧性"上。[菲奥娜·库斯尔（Fiona Cuthill）]

我与蕾拉·侯赛因博士进行了交谈，她除了是圣安德鲁斯大学第一位黑人女性校长，还是心理治疗师、国际讲师和屡获殊荣的运动家，全球女性生殖器切割问题专家，大丽花项目的创始人，非洲领袖终结女性生殖器切割运动的负责人。蕾拉跟我分享了她自己经历的倦怠期，对个人幸福的关注和看法，以及她是如何在工作中茁壮成长并保持可持续发展的：

　　"人类，尤其是那些在社会正义、人道主义领域工作的人，还有企业家，那些对自己的工作充满热情的人……他们的出发点是好的，我们选择研究的对象都比较相信我们，这就是为什么我们能很清楚地认识到这一点。但另一种情况是你很可能会被一些情况触动，然后创伤就会被再度触发。例如，对刚果的女性（经历过暴力）进行采访，伦敦的女性也可能会受其影响，觉得自己也需要同样的支持。在此我们不做赘述。"

"在我做过的所有工作中，我没有听到过什么特别了不起的故事。而且我研究的是我自己经历过的事情，我需要做的就是不断地重温自己的创伤。所以，我非常非常在意个人幸福。"

"我们必须有意为之，因为幸福并不是镶嵌在我们人生中的。"

"当有些女性对我说，她们觉得只专注于个人幸福会让她们觉得自己很自私时，我就会告诉她们改变这种想法。我们需要改变这种根深蒂固的想法，即当我们优先考虑自己时，我们是自私的。尤其是母亲们，只有当你首先照顾好自己时，你才会是一个更好的母亲。在给别人戴上口罩之前，自己先戴上，这句话说得非常好。作为女人，我们习惯于接受牺牲自己，拯救他人这样的想法。我们被期望承担整个社会的责任，但当涉及我们对自己的自我关怀时，我们就被指责自私。"

"为什么你的健康、快乐和享受就是自私的？当你处于这种良好的精神状态时，它会渗透到你生活的各个方面。我知道当我照顾好自己时，我会成为一个更好的同事，所以我会有意地对自己进行自我关怀。"

我们**对时间的信念**会通过我们的言语透露出来。你有没有说过：

"我没有足够的时间。"

"我挤出了一些时间。"

"我们快没时间了。"

通常情况下，韧性会被塑造为与时间的斗争，它是我们在面对来自文化期望的冲击时，保持强大的方式。如果我们的心态是**缺乏**时间，那么时间就永远不够用，我们总是会感到压力和压抑。我们被社会化了，总感觉自己的生活缺少点儿什么。我们需要**更多**，需要**获得更多的东西**，需要**做更多**，才能体现自身的价值。世界上到处都是钱，但问题不在于缺钱，而在于分配和不公，这意味着资源没有得到公平的分配。

当我们把时间的概念从纯粹的线性和缺乏的思想中解放出来时，丰富多彩生活的大门就为我们敞开了。有时我们觉得时间"一眨眼"就过去了，有时觉得"时间过得很慢"，有时又觉得"时间静止了"。当我们处于"心流"状态时，我们会深深沉浸于当下。实际上，时间是有弹性的，但反复出现的现在才是我们当下拥有的一切。

我鼓励大家把时间的概念转变成季节性的、周期性的，在当下反复发生的。这本书中的力量实践邀请我们回归自己的身体，回到当下，每时每刻调整我们的能量。这样即使我们的日程表很满，待办事项很多，我们也能感到当下宽广、丰富的生活。

让我们参考下面这个反思点做个实验。

💡 **反思点**

不说：

"我没有足够的时间"

试着说：

"今天有足够的时间和空间做所有的事情"

或者：

"我有足够的 ×××（时间、资源、金钱，无论你目前看到的是什么）让我进入下一步"

这种转变对你有什么影响？什么东西开始松动了？

_____

_____

你现在明白了吗？本章中关于韧性的内容不仅与我们的个人健康和幸福有关（虽然这很重要），更在很大程度上还与系统相关！我鼓励你认清自己的知与行之间的差距，并探索在这一差距中可能对你有利的信念都有哪些。使用第一章和第二章提到的能力练习来倾听自己内心的对话。关于休息、生产力、健康、时间和快乐，你所持有的哪些社会化和条件化的信念能感化治愈自己？参考下面的反思点。

> 💡 **反思点**
>
> 我觉得自己应该休息吗？
>
> 这是我应得的吗？
>
> 我相信我应该得到快乐吗？
>
> _____
>
> _____

让我们将正常休息和自我关怀作为人类经验的必要组成部分，而不是仅仅把它们当作支持（影响）生产力的工具。（塔姆·托马斯）

当我们改变时间观念时，我们就可以开始管理自己的精力。

从时间管理到精力管理，检查自己的"电池"

我认为韧性是一种能量，是你的意图，注意力，你生命中的血、汗和泪！

让我们用电池来做比喻。你可以用电量衡量自己的精力水平，并且白天或晚上的任何时候你都可以自己进行内查，看看自己"电量"还剩多少。

💡 **练习** 能量练习：电量检查

现在就审视一下自己，把自己想象成一个电池。

如果你愿意，请闭上眼睛，深呼吸。

检查你的身体、头脑、情绪（和精神，如果你意识得到的话）。

你的能量水平是怎样的？你的电池现在电量有多满？是80%、63%、47%，还是20%？

如果你现在精力充沛，你能想到是什么给你提供了如此充足的能量吗？你怎样才能充分利用这种高能量？

如果你的能量很低，你能想到是受了哪些因素的影响吗？你能找到可能需要的东西来帮助自己充电吗？你需要休息或小睡一下吗？远离屏幕？呼吸点新鲜空气？吃点有营养的东西？喝点水？找朋友倾诉一下？

跟踪你的能量

我的建议是，你可以全天候关注自己的能量值。使用表3-1中的能量跟踪器跟踪几天，然后使用下面的提示来回顾。

你发现了些什么？

你在探索规律。你可能已经在想"我知道我是一个早起的人"或者"我需要花点时间才能开始行动"，但请允许你的头脑在这里对新的想法持开放态度。你的身体可能会有一些额外的数据与你分享。

日常生物节律

你注意到你的精力在一天中的不同时间是如何起起落落的了吗？你什么时候精力最充沛？什么时候最萎靡？中间值又是在什么时间？你是早起鸟还是夜猫子？午后的你精力值会下降吗？如果让你选在一天中的任何时候不受干扰地小睡一会儿（保证你醒来时不会昏昏沉沉），你会选择什么时候？这些对你一天的能量流有什么启示？

表 3-1　你的能量跟踪器

第一天

时间（一天中）	能量值（%）	我在做什么 / 跟谁在一起？	关于能量值我注意到的其他事情

你是否开始注意到你的营养、休息、运动和水合的相互作用，以及那些微妙的选择时刻？如果你多喝了点水和咖啡，你的能量（精力）会发生什么变化？如果你选择吃饼干、坚果或苹果，又会发生什么？

接下来让我们看看你专注于不同任务时的能量高低。当你精力最充沛的时候，你在做什么？最萎靡时呢？同样，你在探索规律。

现在让我们看看不同人际关系对你的能量会产生怎样的影响。你与谁在一起的时候精力最旺盛？最低呢？谁能让你振作起来，让你精力充沛？谁又使你精疲力竭？

这是以一种更亲密的方式帮助你调整身体，倾听内心的诉求。再次重申，我们的文化告诉我们，只有"坚持"，才能充分体现个人价值，这意味着忽略或否认任何能量（精力）减退的情况。这个练习能帮我们注意到我们能量（精力）的起伏，这样你才能更好地接受它们。

回过头来看这些数据，你发现了什么？这些数据说明了什么？

在接下来的几天里，为了使你的日常能量最大化，有没有什么事情是你要改变和尝试的？

在与我们合作之前，我的许多客户从未这样做过，但他们从自己的身体中得到的数据对他们今后领导力的提升是非常重要的。连续几天坚持这种跟踪和注意的练习，可能会让你都不想直接跳到结论性行动的那一步！你还好奇什么，想再进行更深的探索？在第四章中，我们还会提到能量追踪器，届时我们将指导你如何使用能量追踪器来为自己制订一个能量最大化的计划。

温柔地提醒你，这不是在打击你，也不是让你陷入"必须""应该"或我们在第二章中提到的"我希望我……"的沉思默想中。记住，我们关注的是季节以及生活和工作的周期概念，而不是纯粹的线性和"永远在线"的概念。这个练习的目的和意图是帮助我们发现学习和成长的机会。我们可以选择成长的心态，把每天都当作一个新的开始，从现在开始自我关怀。

每周的节奏

当你至少在一周内完成你的每日能量追踪，然后再坚持多进行几周追踪时，你注意到的自己每周的能量和节奏是什么样的？我的一些客户，周一早上精力充沛，迫不及待地想开始新的一周，但到了周五就开始萎靡不振；还有一些客户在周一拖着疲惫的身躯上班，随着时间的推移，他们的心情和精力会慢慢变好。我注意到我可能会有一种"推进到周末"的心态。当我检查自己一周的生活节奏时，我经常发现自己在周三和周四下午的能量较低，并会在周五又变得活力满满（如果我在周中休息了，而不是硬撑的话）。你的一周节奏一般是什么样的呢？

你每周都有休息时间吗？有没有一个比较固定的时间会出现工作积极性下降，生产力停滞的情况？这是一个休养生息的时间，需要放松身体、调节情感，进行灵魂和精神的补充。大多数古老的智慧和传统信仰都将休息纳入它们的日程。这一周剩下的时间是这个循环的冬季阶段，在这个阶段，土地处于休耕状态，种子被埋在地下，看起来好像什么都没有生长，然而深层次的恢复、愈合和准备工作正在地下进行。无论你是否有这样的信仰，我都鼓励你把每周的休息看作是你生活中神圣而必要的组成部分。

我们可以看到，充满选择的休息是如何从根本上与主流文化对立的。我们可以与主张这一点的塔姆·托马斯保持观点一致，他说："如果做对自己有益、让自己感觉好的事情就要被说三道四，那么我拒绝这种说三道四。这就是我，我做这些纯粹是为了自己，因为这是我需要的。如果我为自己做的事情，让其他人感到不舒服，那也没关系。"

每月的节奏，你会记录自己的月经周期吗？

当你连续几个月跟踪记录你的月经周期后，你可能会发现你的能量（精力）流动在你的月经周期的不同阶段会有所不同（如果你会来月经）。你可能会注意到在排卵期（能量夏季），你精力充沛，注意力主要集中于外部，而在黄体期（能量秋季——月经周期中最长的阶段）你会更专注于细节。在月经期（能量冬季）你更多需要的是休息和安静，而当你进入卵泡期（能量春季）时，你的能量会有所提升。

> 💡 **示例**
>
> 月经期时，我的整体能量（精力）值比较低，所以我就需要早睡，少看电脑，多一些空闲时间，躺下休息一下。这样我

> 就可以在这个阶段最大限度地发挥我的直觉和创造性思维，也可以防止自己变得疲惫不堪。在过去（我生命中的大部分时间），我学习并接受了这样一个信息，即月经并不能阻止我做任何事情。这条信息虽然意图是好的，为了让女人在流血时不感到耻辱，但它同样也削弱、最小化和否认了我们的身体在每个月的不同时间有不同需求的可能性。在这种情况下，我基本忽略了我的身体，不听我需要额外休息的暗示，"强行坚持"，努力隐藏自己的经期，或者以线性心态坚持工作。

现在，我们已经打破了一些神话，并重新定义了我们关于时间和能量（精力）的概念。下面让我们更深入地了解我们如何才能实现更有规律地生活，重置我们的中枢神经系统，并创建属于我们自己的韧性图！

你的整体韧性图

我认为韧性是一个整体的模型，它将心理、身体、情感、关系、地点和精神健康等组成和提高我们电池能量的不同方面联系在一起。我们可以通过关注这些基本方面，确保我们正在为自己的生活和领导力变革建立良好的基础。

韧性图（图 3-1）中的圆圈表示我们拥有能量和起作用的区

域（回到我们绪言中介绍的原则 2）。

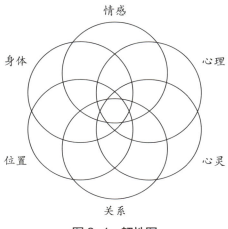

图 3-1　韧性图

我们可以增加一个名为"祖先"的圆圈以表示我们的身体和精神承载着的我们的祖先经历过的创伤。还可以再加上"环境"和"社会"的圆圈，以表示我们生活的大环境是什么样的，以及我们周围和内部的系统如何影响我们的能量，而我们又是如何与其互动的。

观察韧性图和表 3-2，确定哪些领域需要给予更多关注。

这本书中所有的能量练习都涵盖了这些领域中的一个或多个，其中一些练习还会为你带来多方面的提升！由于这些圆圈是环环相扣的，所以所有这些方面都是相互关联的。有意识地给一个区域增加一些能量，会给其他领域带来积极的连锁反应。例如，我

表 3-2 如何增强你的韧性

电池能量领域	心理	情感	关系	身体	心灵	位置
补足能量的活动	培养健康的心理习惯来抵消消极偏见，并尽量减少思维错误；重新调整你的中枢神经系统使其摆脱威胁反应。	每天做自己喜欢的事情；感受自己想要感受的；为自己的生活做出选择和决定；感恩能力练习和识美能力练习。	健康的伴侣关系；乐趣和友谊，亲密，快乐和联系；原谅和优雅，放下遗憾和怨恨。	水；营养；睡眠；运动；呼吸新鲜空气，感受大自然。	能够感知到有比自己重要的事情存在；培养自身信念，与自己的价值观和对自己重要的东西联系起来；与自己的价值观保持一致。	定期打扫；创造一个你喜欢的空间（即使是一个小角落）；用你喜欢的颜色、气味、布料、配饰装扮自己，自我愉悦；调整你的工作地点，走进大自然。

们知道经常快走散步对身体健康有好处，同时该行为也会给情绪和精神健康带来积极的影响；听音乐能给情感、心理、精神甚至人际关系等多个方面带来好处；发现美和感恩的能量练习会提升你的自信心，进而影响你的精神、情感和身体。设定意图的能量练习有利于你的心理、情感和精神健康，它们之间也会相互影响。

你的韧性图

我们知道的很多，对吧？但今天你可以在哪些方面做一些改变呢？可以使用下面的反思点进行探索。

> 💡 **反思点**
>
> 面对这些领域，你觉得哪些领域的能量对你来说是充盈的？哪些是匮乏的？
>
> 你特别需要给哪些方面充能？
>
> _____
>
> _____

微复原

当检查我们的能量电池时，我们会发现可能只是一个非常小的改变，就能在那一刻提升我们的能量和幸福感。这是一个小小的充能机会，一个微复原时刻。研究表明，经常补充能量比缩减休息时间更有益。这真是个好消息！在我们忙碌的变革者生活中，不需要做很多**重大**的改变，只需要抓住所有我们能抓住的微时刻！

举个例子，我注意到我一直在这里以一种非常专注的方式打字，当我从屏幕上移开视线时，我感觉我的眼睛很干，脖子和肩膀也都变得很僵硬。我之前没有注意到这一点，而现在在检查时，我发现自己的能量大约只剩 40% 了。于是我做出了一个选择。那就是使用微复原，这是我的小型充能时刻！我可以选择"继续工作"，也可以选择给自己"充能"。我选择短暂离开我的办公桌，上下左右伸展一下胳膊，活动活动腰胯，望望远处，然后重新坐下来，喝一口薄荷茶，尽情地享受片刻的温暖和香味，而不是一边打字一边啜饮。

我建议大家在检查自己的剩余能量时，尝试去进行一些微小的改变。关键是要珍惜这一刻，拥抱它、感受它。这些微复原时刻会帮助我们开发出新的神经通路，并延长我们一天中的积极感受和共鸣。请记住，我们微小的、前后一致的实践，随着时间的推移会产生效果。这些微复原时刻可以让我们产生积极的情绪，让我们享受快乐和喜悦，重设我们的中枢神经系统；还能让我们的反应系统从威胁反应转变为放松反应，如果你还记得第一章的内容，这能够有效减少我们大脑在运作过程中产生的思维性错误（又称偏见）。作为变革的领导者，我们必须练就微复原的能力，这对我们持续变革至关重要。

在我们的一天中，有多种机会进行微复原和能量补充。想想我们所有的过渡时间：在会议间隙，甚至在我们居家办公的时候。在极短的工作间隙中，我们可以上个厕所、喝点儿水、做个拉伸、练几个瑜伽动作舒活舒活筋骨、跑跑楼梯。如果可以的话，还可以做一些跳跃或立卧撑跳。放一些充满活力的音乐来提神，或者放一些慢音乐来放松一下，然后回到我们的既定目标（见下文）。

微复原的目的是改变我们的状态，提高我们的能量，给我们的身体充电。可以使用下面的反思点来思考我们可以利用的微复原机会：

💡 **反思点**

今天我有哪些可以进行微复原的时刻？

我怎样才能更享受这些时刻呢？

_____

_____

处于最佳状态的自己——自我发展的可视化

在这里我们将自我发展进行可视化，我们将发现未来最好的自己，看看我们会因此得到怎样的启示。可视化是倾听内在智慧的另一种方式，让我们的想象力和直觉得以直接对话。当我们处于最佳状态时，可视化可以成为我们的一个触点，帮助我们看到在生活和变革工作中可能发生的事情。

因为这是一个闭目练习，所以我建议你在开始之前先通读几遍，或者请一个你信任的朋友带领你完成这个过程，他帮你完成练习之后，你也可以帮助他完成练习！

> 💡 **练习**　**力量练习：自我发展的可视化**
>
> 闭上眼睛。
>
> 调整呼吸。
>
> 深吸气，想象气体沉到肺的深处。
>
> 慢慢呼气，甚至可以长叹，或者在呼气的时候说出或默想"释放"这个词。
>
> 注意，你的意识中可能会出现许多正常且美好的想法。每次注意到脑子里出现一个想法时，缓缓地将注意力转移到你的呼吸上。
>
> 现在，想象一下自己未来的样子。

你顺风顺水。

你感觉非常好。

你正处于最佳状态。你感觉很好。你享受着快乐、愉悦和创造。你过着最好的生活。你正在为你的梦想努力。

现在你身体当前的感觉正与想象的感觉相融合，感觉怎么样？

想象一下，拨动电视遥控器上的亮度和对比度按钮，让自己的形象在脑海中逐渐清晰。

你在做什么？

跟谁在一起？

你的形象如何？

穿着如何？

举止如何？

你在说什么？

你的想象力还想向你展示什么？

保持开放，不断接受。你可以说出"我胸怀开放，还有别的吗？"

保持呼吸！

如果你看了一部电影，你可能会想暂停一下，然后再重播一遍，看看你错过了哪些细节。

如果你看到的是一套静止的图片，你可以重返画廊，重新回顾一下，看看还能注意到什么其他的。

再做几次美好的深呼吸。

当你准备好后，你可以活动一下你的手指和脚趾，找回到你的身体，慢慢睁开眼睛，返回房间。

记录自己的发现

用日记记录下来一些片段。暂时不要检查自己写下的内容，也不要试着去"理解"它。下面的反思点列出了一些需要思考的问题。

💡 反思点

你注意到了什么，有什么惊喜吗？

在你的想象中，自己是什么样子的？你是如何表现自己的，你穿着什么？

看到自己出人头地的时候是什么感觉？说出你感受到的情绪。

你刚刚身体上有什么感受？

你有没有注意到身体周围的其他情况？温度怎么样？你是在室内还是室外，你的视野怎么样？天气怎么样？

你有听到什么声音或闻到什么气味吗？

你刚才说了什么话？和谁在一起？

你刚才在做什么？

在你的变化中什么被扩展了？

写下这次可视化练习中让你印象深刻的其他东西。

_____

_____

如果对我不管用怎么办？

最初你可能用起可视化还不是很顺手，因为你的大脑的工作方式改变了！在进行可视化的时候，你是在请求自己的内在智慧与自己对话，用语言、直觉、感情以及图像给你传递信息。保持对自己的关怀，对事物保持好奇心和开放心态，继续前进吧！本书的第四章和第五章内容将在可视化的基础上展开。

为成功打下基础的节奏和习惯

当看到自己在未来蒸蒸日上时，我们就能把握住想象中的这种感觉、知觉和视觉。我们会知道自己的前进方向，知道未来我们会成为多么优秀的人。我们可以这样想象，在我们前进时，我们的这一部分（即我们的内在智慧）一直在引导我们找到最好的自己。我们也可以让她（未来成功的你）今天就出现在我们面前——让我们想象一下蒸蒸日上的自己，然后从今天开始，便以这样的形象出现！

我们可以按照每天、每周、每月的节奏和习惯为自己的成功做准备。常常提醒自己成功的模样，并将其变成今天现实的自己。我们将在第四章和第五章对此进行更为深入的讨论。现在，我们将讨论目标设定和清晨计划。

设定目标

这个练习超级简单又超级强大。有三个问题需要回答。你可以记在日记中，或者把它们发布到社交媒体上，在你洗澡或做早餐饮品时思考，或者在新的一天开始之际坐下来看看自己的待办事项清单。记住，力量练习非常简单，便于在日常生活中操作，所以我们可以把力量练习当作清晨惯例的一部分。

> 💡 **练习　力量练习：设定目标**
>
> 提前一天想好：
>
> 1. 我希望有什么样的感觉？
>
> 2. 我希望成为什么样的人？
>
> 3. 我希望有所进步的一件事是什么？

让我们就上面的问题逐一展开讨论……

1. 我希望有什么样的感觉？ 我今天真正想体验的是什么？当我们的大脑为我们想要的情感和体验做好准备时，我们更有可能体验到它！你想感受快乐、乐趣、创造和善良吗？你在可视化中感受如何？设定目标，今天就去获取自己想要的感受！

2. 我希望成为什么样的人？ 这主要是指你想在熟悉的人面前展示怎样的自己。你想如何对待你的同事、队友、家人？在对自我发展的可视化中，你呈现的是什么样子？你是如何对待他人的？你是如何表现的？设定你的目标，今天就去实现自己想要的形象！

3. 我希望有所进步的一件事是什么？ 当我们想到自己设定的远大目标时，可能会倍感压力，或者不知道该怎样把一个大目标分解成多个日常任务。我们因此拖慢了重要事务的进度，因为我们无法在现有的时间内完成。在此，"进展"一词是关键。我们可以选择从小事做起，然后小事情会引导我们实现更大的目标。如果你今天只有 20 分钟，你能在这个时间段做些什么小事，来帮助你朝着实现生活和工作中最重要的目标前进？顺便说一下，如果连续几天，每天都朝着自己的目标迈出一小步，那么，你就正朝着重大进展前进。回归你的能量追踪器，记录你每天、每周、每月的节奏。你什么时候精力最充沛，可以完成重要的（小）任务？那便是行动的时候！在第五章中，我会继续结合变革重点深入探讨目标的设定。

启动晨间惯例

我最近读到一篇关于一位特别著名的企业家的晨间惯例的文章，我并不太认同。他早晨起来，会先倒立 20 分钟，读 30 分钟的心灵读物，做 20 分钟的有氧运动，在冷水池里游泳 20 分钟，然后喝姜茶，接着写 20 分钟的日记，等等。是的，如果你好奇的话，他是一位单身男性，没有其他照顾人的责任！但如果你每天早上都能做到这些，那你也的确很了不起。

但我们每个人的情况不尽相同，也有可能我们早上并没有独处的空间。因此，我们需要根据自己的人生阶段和生活方式，形成一个适合自己的晨间惯例。

我对自己的最低要求是：

1）整理床铺。

2）活动一下身体。

3）设定自己的目标。

即便我早上非常匆忙，家里人都睡过了，早上醒来时床上有一大堆孩子，我都能做到上面几点。如果我有更多的时间（对我来说，就是那些远离家人，在酒店房间里醒来，幸福独处的日子！），那么我就会对每一项安排进行拓展延伸。

1. 整理床铺。 如果你还没有这样做（没有批判的意思！），相信我，坚持下去会给你带来巨大的不同。把这些时间看作是你创造和完成的空间。在我的孩子们还小的时候，我们家总是很乱很乱（实际上，现在他们已经十几岁了，家里仍然很乱，我在试图欺骗谁），我知道我的卧室可能是我家里唯一一个能在我上完一天班回家后还保持原样的地方。每当我的日常咨询、辅导工作陷入复杂僵持的状况，看不到明确的终点时，整理床铺就成了一天中最能给我带来成就感的时刻，这一点也已经为研究证实。

2. 活动一下身体。无论你喜欢怎样活动，无论你有多大的能力，早起后都应该动起来。对一些人来说，动起来是晨跑或游泳，对另一些人来说，可能就是五分钟的瑜伽或简单的伸展运动。将运动与我们在第二章中谈到的能量四季联系起来。如果我的精力处于夏季（如果真的是夏天，还会有很好的晨光），我会从床上跳起来，走到我家附近的山上，在山顶做做瑜伽伸展，然后跑下来。当我的能量处于春天，我的身体会更适合进行一些短暂的高强度间歇训练或舞蹈训练。当我的精力处于冬天或秋天的时候，伸展和短瑜伽就足够了！让我们的运动与我们的季节能量相匹配。

3. 设定目标。当设定目标成为日常习惯时，我们就会开始感受到它的魔力和力量。参见"设定目标"部分。

养成适合自己的晨间惯例，并且坚持下去！

拓展你的早晨日程

回头看看你的韧性图，看看你想要做什么，你如何把它融入你的早晨日程中？例如，在营养方面，你想开始服用营养品还是在早餐中添加一块水果或一杯奶昔？你想要增加一些运动吗？你想在早晨花一些时间做祈祷、冥想或感恩吗？不要过度承诺，否则在比较忙碌的日子里你可能会觉得事情太过繁杂。从小事做起，连续几天试一试。从现在开始，养成习惯。

一旦我们的晨间惯例走上了正轨，我们就可以享受它带来的轻松的节奏感。我们会到达一个无意识的发挥能力的阶段（你甚至不需要去想它），它就会自然而然地发生。

在一定的时候，我们还可以对晨间事务进行重新组合，或添加新的事项，使晨起日程保持新鲜。注：在我拿起手机之前，我正在做上面列出的三件事，这改善了我的健康状况。虽然要做到这些需自律，但这意味着在我被别人带来的紧迫感或戏剧性表演吸引注意力之前，能先感受到自己想要的感觉。

下面的反思点列出了一些需要思考的问题。

> 💡 **反思点**
>
> 现在你早上的惯例是什么？
>
> 你还打算做哪些尝试？

你打算在你的韧性图上做哪些小的改变？

_____

_____

本章小结

在第三章中，我们讨论了：

你的幸福感和韧性本身就很重要。你不需要去争取，这本就是你应得的。这也是你提升领导力的一个重要基石。

你已经对自己的韧性及其支撑因素有了很多了解，现在你可以做一些具体的事情，这些事情将会为你带来很大的改变。你可以缩小自己的知行差距！

使用你的能量电池和追踪器来关注自身能量模式，熟练地测量自身能量水平。

你已经创建了自己的韧性图，连接了你的心理、身体、情感、地点、精神和关系等方面，你已经在自我发展的可视化中遇到了未来最好的自己。

你已经探索了晨间惯例的一些内容，并开始进行目标设定，请继续尝试！

你的韧性受到你所处的系统的影响。

在第四章中，我们将探讨你的愿望，你真正想要的生活，以及你想要为变革做出的贡献。

💡 **复习　反思点**

这一章对你来说最重要的是什么？

你打算把精力集中在哪些方面？心理上、身体上、情感上、关系上、地点上，还是精神上？

你将尝试哪些新的力量练习？

回想一下当你因为变革工作而感到疲惫的时候，或者你注意到自己接近倦怠的时候。是什么导致了这种经历？你是怎么处理的？

清楚自己的韧性图并增强对身体能量的了解，思考并确定自己可以采取的行动，支撑自己度过挑战期，并帮助自己避免未来可能会出现的倦怠。

💡 **变革进度 + 行动记录表**

这是我正在做的实验，我将采取行动来改变现状。

这是我注意到的。

这是我打算用我所学的知识做的事情。

这是我坚持下去的方法。

这是我的责任所在。

💡 **自我肯定**

"我知道怎样维持我的韧性，我选择激活韧性。"

"为了我的健康和发展，我选择将习惯整合。"

"为了收获最佳的健康、幸福和韧性，我会不断滋养我的身体、我的思想和我的精神"

"我以这样的（填上你想要的感觉，比如快乐、好奇和健康）方式开始我的一天。"

"今天我的目标是……，我想要感觉到……，我选择成为……，我选择在……进步。"

"我了解并尊重努力工作的价值。"

"我了解并尊重休息的价值。"

"我在生活中滋养闲适、快乐和满足。"

访谈录

桑妮雅·巴洛（Sonya Barlow）是一位屡获殊荣的企业家、志同道合女性网络（Like Minded Females Network，LMF）公司的创始人和首席执行官、商业讲师、电台主持人和多元化顾问。她最近作为性别平等和多样性的倡导者，被领英网授予创变者称号。

我和桑妮雅谈论了她在科技和创业领域做出的改变、她保持韧性的一些日常习惯，了解了她对变革做出的贡献，以及在这一过程中，她建立合作以及克服障碍的方式。

我是一个变革者，因为我已经学会了爱自己，爱自己的声音和观点——这影响了我所有的决定。我已承诺在社会公益，特别是女性赋权和包容性文化方面竭尽全力。我的目的是促进包容性文化的形成，建立强大的社区，并时刻提醒人们，他们的内心深处藏着自己最好的一面。

当我听到有人因为各种障碍而没有实现他们的潜能时，我感到愤怒并坚定了变革的信念。这些障碍要么是由于无意识的偏见，要么是由于公司缺乏理解。有太多的原因导致有色人种的人才离开科技行业、商业行业或无法在行业内晋升。

（1）关于日常生活习惯。我保持韧性的方法之一就是时常想一想：最糟糕的事情就是我根本不去尝试。我宁愿竭尽全力而最终失败，也不愿因没有抓住机会而后悔。

在我的企业家生涯中，失败多于成功。但每次失败之后，我都会问自己，我做错了什么，我下次可以在哪些方面改进？通过这些失败和总结，我在职业和个人方面都有所成长。

我知道我是一个拖延症患者，所以我每天都会列出我当天需要完成的事项清单，家里和个人的事我都会列在上面。这样，我就可以在某件事做得不顺心时，先进行下一件事，这样至少可以完成一些事情。"高效拖延症"是我创造的一个术语。

（2）**找到自己的变革性贡献点。**第一步是找到你想要解决的事情，一个你感兴趣的问题。有时候这很容易，有时候这需要你在职业生涯中寻找。可能是你的一项技能或特长，别人也许会因此取笑你，但你知道那是你的动力。

与有着不同背景的人交谈也能帮你拓宽思维，帮你找到自己的独特之处和可能做出的贡献。

我坚信挖掘自己的人生目标需要一生的努力。即使你找到了你的激情所在，你也会继续找出新的方法来做出改变。

（3）**建立合作和伙伴关系以支持我们的生态系统。**如果没有志愿者们出色的工作，我永远不可能建立和发展我们志同道合的女性网络。他们是我们在艰苦的日子里的坚实后盾。

我的建议是，找一群志同道合的人，与他们分享你的变革愿景，然后维系与他们的关系。这可以是简单地保持联系，给予和寻求建议，也可以是邀请他们与你进行项目合作。

（4）**克服障碍和偏见。**我在进入科技行业，成为企业家之前，曾经历过职场霸凌。

我不骗你，一开始确实很难。没有人能教你如何与糟糕的经理打交道，如何在险恶的职场中生存，甚至如何与沉默的客户打交道。这些经历会影响你对自己和工作的信心。

从高级经理读错我的名字到看到女性在会议上被否认。在我试图推进多样性和包容性举措时，也遇到了很多阻力，因为管理层说这些举措不会产生收入，并且没有必要。

这种情况在许多组织中依旧存在。幸运的是我学会了更好地驾驭它们，也做了一些事情来改变它们。我学会了谈判，学会了在两种对立的观点之间找到共同点。关键是不要忽视最终目标，在任何情况下都要寻求双赢的解决方案。

在另一些时候，你需要知道自己的价值，当事情发展与你的愿景不一致时，你就应该离开。学会如何说"不"和知道什么时候说"行"一样重要。

作为一名社会企业家，我也遇到了一些非常优秀以及与我有相同愿景的人，他们也在为变革职场世界做着自己的努力。

（5）如何面对反对变革的呼声？我会通过三种方式，在不同层面上处理这个问题。首先，我会努力成为多样性和包容性议程上的思想领袖。其次，我的任务是让大家明白为什么教企业学会多样性、包容性和公平性举措至关重要，以及企业能如何有效地实施这些举措。最后，我还会推动其他人在他们自己的网络中也开展此类对话，无论是在大学院校还是在职场。

（6）您认为未来的工作应该如何满足人们的需求？未来的工作应该以包容的环境为标准，而不是特权。多元、包容和公平应该成为所有公司核心业务实践的一部分，而不仅仅是一个"有就好"的举措。

　　另一个要素是灵活的工作。新冠疫情时期的经历告诉我们，大多数工作都可以在家完成，组织应该制定在家工作的相关政策，这样人们就可以平衡工作和生活。对于需要照护家庭成员的员工，甚至应该在工作职责安排方面给予他们更多的照顾。

第四章

变革计划"你想要什么？"

好了，现在我们已经了解了自我意识（第一章和第二章）和自我韧性（第三章）的基础，我将在本书的剩下的内容中深入为你挖掘领导力基础和变革重点。在第三章中，我们遇到了未来那个最好的自己，她过着最好的生活，实现了与众不同的梦想。第四章将带你继续探索如何将梦想变为现实。

这一章的内容与欲望挖掘有关，帮你发现自己的真实渴望，以及它如何有力地帮助我们寻找自己的根基，引导我们成为变革领导者。读完本章后，你将能更好地倾听自己内心的声音，更好地了解、相信自己。在探寻内在渴求的道路上，我们获得了内在的智慧，通过倾听内心的声音，我们找到了那颗属于自己的北极星，在它的指引下，我们继续朝着目标前进。现阶段，我们正在不停打破、重塑我们的旧思想，这对女性和一些其他边缘性身份群体来说尤甚。我们不再认为明确表达自己的欲望是危险的，我们也不再需要采用取悦他人、融入社会的方式保障自身安全。

本章还将探讨你想要做出的贡献，从快乐、联系和发自内心的认同出发，而不是被他人的期望所驱使。

要想在职场领导变革，上面提到的都是必备技能。本章将从一个探索自身欲望的问题开始，即"你想要什么？"。然后，我会利用一个叫作 Ikigai 的模型来解释人们如何聆听、表达欲望。本章内容也将带我们探索什么是快乐、什么是嫉妒，以及什么是内心深处的认可。总而言之，本章内容将为你带来巨大的正能量！

深入了解自己的欲望

你希望拥有什么？

你想要什么？

你想要的究竟是什么？

这似乎是一个非常基本的问题，但却也是一个危险的问题。

如果你是一个无论在家庭还是在职场，都习惯优先考虑别人需求的人，那么在被问及这个问题时，你可能一时不知道该如何作答。在社会中，女孩和年轻女性通常不喜欢表现出自己的欲望，也不喜欢回答与欲望相关的问题。碰到这种问题，女孩们一般最开始会给出问问题的人想听的答案。因为她们从小到大受到的教育都是不要表达自己，而要三思而后行，不要随意袒露自身的想法、观点和看法。在职场，女性经常会被议论、被打断，被人指指点点。对于一些具有边缘化身份的群体，或者生活在特别不稳定的家庭环境中的人群来说，识别、表达愿望会让他们感到不安。

先说清楚，我在这里提出的"你想要什么？"这一问题里的"什么"指的并不是物质上的东西。我在这里问的是生活质量，是你想要的感觉，是你想要做出怎样的改变，给世界留下什么样的影响。对你来说最重要的是什么，怎样才能获得更多信息？"我想要什么"这个问题将我们与哪些生活中更重要的东西联系起来（有些人将其视为我们的能量和智慧的源泉），帮我们摆脱束缚？"我想要什么"这个问题，将我们与自己内心的需求、快乐、动力动机、独特观点、见解意见，和人性的表达联系起来。

发现自己的欲望，你才能找到自己的使命，找到指引自己人生的那颗北极星。清楚自己想要什么，然后引导我们做出自己想要做的贡献，而不是按照别人的期望或别人的梦想生活。我们的欲望引导我们与他人交流、联接，这是我们寻找同类的方式。表达愿望是你在为自己发声，挖掘自己的真实想法，大胆展现自我，说出自己的想法，站出来，就是现在！

对生活的清晰和专注是收获快乐和幸福的关键。当我们清晰地了解自己认同些什么时，说出"不"这句话也就会变得容易得多。然后，我们就可以更好地保持界限，更好地寻求和接受帮助。当我们工作的动力源于快乐、渴望和认同时，我们就不太可能崩溃。正视自身欲望，有利于我们的长期发展。

我们在解除自我防御的同时，也在为他人树立榜样。打开心扉，帮助他人了解自己，可以带来积极的连锁反应。

这是一场巨变！作为女性，相信欲望是我们反思学习的关键！这是我们打破父权制、开始建立女权基础的关键一步。正如职业指导师贾兹·布劳顿（Jaz Broughton）讲的那样，"作为一名女性，你要做的是先找到自我。不要让任何人或任何事阻碍这一点"。

你真正想要的生活是什么样的？

我们已经明白了为什么学会挖掘自己的欲望是我们变革领导力的基础。梦想实现宏图伟业，为自己和周围的人构建一个更好的世界，是一种特权。挖掘欲望并付诸行动也是一种责任。所以，让我们行动起来！

回顾前几章内容，我们在第三章中一起认识了自我发展的可视化方法，第二章中接触了内在智慧练习。所以，你的想象力和内在智慧都告诉了你些什么呢？

是什么构筑了你的梦——过上最好的生活，还是让梦想与众不同？你可能会觉得自己还有很长的路要走，但是找对道路（掌握细节）是关键，不要为别人的梦想而活。

下面这个引导力量练习为我们构建了建立蓬勃发展的可视化想象（见第三章）所需的细节。你可以先通读一遍材料，然后闭眼进行练习，或者在日记中写下问题的答案；写作时，不要给自己设限，让思维自由驰骋，理解自己写下的内容这件事可以后面再考虑。

💡 **练习　力量练习：我想要什么？**

找一个不受干扰的地方，闭上眼睛。

慢慢吸气呼气，进入放松状态（第一章中有详细介绍）。

认真倾听自己内心的声音、想法和智慧。

开放、接纳自己内心真实所想。

按照以下提示进行：

我想要什么？

等待内心给出答案。

再问一遍，我想要什么？

继续问——

什么是我真正想要的？

我想要体会怎样的感受？

当我有那种感觉的时候，我的心情如何？（好好想想）。

当我有这种感觉的时候，我想到了什么？（注意，不要妄下判断）。

然后你可以将自己想要的（想要达成的）进行分类：

在职场方面

在业务方面

在领导力方面

在财务方面

在人际关系方面

在家庭关系和育儿方面

在性生活和爱情方面

我还想要什么：

身体外形和健康方面

心理健康和幸福方面

精神和情感方面

友谊和团体方面

我想做出怎样的贡献？

我想参与到什么之中？

什么是我绝对不想要的？

不要去审视大脑提供的信息，聆听想象力想要展示给你的一切。

你可以自己控制练习进度，可以随时停止，后面再继续。

经常练习倾听内心的批评和智慧，你就能很好地分辨它们的不同。注意是否出现了赞许、克制或批判的声音，将这些声音的具体内容记录下来。

请注意:这个练习可以作为自我反思。你也可以选择向治疗师、教练或值得信赖的朋友寻求协助。

如果你想再多锻炼一下,也可以继续进行下面这个训练。

💡 **练习　力量练习:下一层级的欲望**

如果我得到了自己想要的一切,现在、在这里,真实地完成了我的愿望……

那下一步是什么?我下一步想要实现什么愿望?

还有哪些可能?

还有哪些现在就想达成的目标?

下一步做什么?

先把它写下来!然后你可以稍后再慢慢去理解自己记录下来的东西。

通过这一练习,你会更清楚地知道自己想要什么样的生活,想做出什么样的贡献。可能你收获的只有后面的几小步,无法看清全局,但这没有关系。有时候,我们欲望的爆发是需要潜伏期的。

💡 **示例**

2017 年 12 月,一些新创意和可能性在我心中萌芽。我突然有很强烈的愿望把它们记录下来，然后创造、表达出来……但我不知道我想说些什么。我也不知道该如何将它们表达出来。

圣诞期间，我一直在生病，亲人们享用圣诞晚餐的时候，我烧得昏天黑地。我问自己，自己想要什么？几天后，我的病有所好转，清醒过来后的我内心出现了一个平静而清晰的声音："你在等谁的同意？"

我发现在自己做决定的时候，总是在等待他人的许可（无论什么"事"）。

我在等谁的许可：我的丈夫？兄弟？父亲？难道是更高一级的指示吗？（我总会将注意力放在这些对我人生的这个阶段有影响的男性权威人物身上。）

那天晚上孩子们上床后，我做了些小点心，拿出笔记本电脑，舒服地坐在烧木头的壁炉旁。

当晚，我文思泉涌，一口气写下3000字。想法就像从瓶子里飞出来的软木塞，一下子迸发了出来，而且源源不断。

不久之后，我遇到了一位了不起的女士，她也成了我接下来三年的商业伙伴。我们一起写作，一起创造。我们成立了一家新公司，将业务规模扩大到六位数。从我最初的表达开始，合作、创造和影响就开始了。

做让自己感到快乐的事

我们必须承认，作为一名变革者，需要有十足的热情。变革者需要充满激情，处理严峻问题，在职场有所作为，直面世界的痛苦，并投身其中。变革者有时会对自己过于严苛。

变革者还需要轻松、乐趣、自由、快乐、玩耍！变革者需要快乐，它是巨大的能量助推器！还记得第三章中的身体能量电池吗？快乐能给你充电！快乐是人性的核心，是我们持续发展的关键部分。快乐是我们保持自我的一部分，是我们保持势头的力量，也是我们希望的源泉。

优先考虑自己想要什么、想要怎样的感觉、做什么才能体会到那种感觉，这不是自私、不是放纵，也不是轻率。这并不意味着你没有融入周围的世界，没有同情心或不关心他人。相反，这样做让你成了一个完整、精力充沛、坚韧不拔的人。

哪些事情能提升你的能量，给你带来快乐和动力？找到它们，然后尽情享受！

如果你需要灵感，请回顾第三章中的韧性图。或者试试下面这些方法。

试着走进大自然，看一部陌生话题的纪录片，读一本小说，翻阅一本赏心悦目的艺术图书，浏览一本烹饪书中的美味食谱，烘烤布朗尼蛋糕，种植蔬菜，做一些手工制品，绘画，刷油漆，做雕塑，演奏音乐，跳舞，唱歌，做头发，画指甲，拥抱自己的孩子，爱抚小宠物……

令人愉悦的活动（即与消费主义无关的活动）的选择是无限的。你还有没有什么能补充的？捕捉美是我最喜欢的力量练习之一，因为它不仅简单，而且还能看到立竿见影的效果。

💡 **练习　力量练习：捕捉美**

外出散个步，无所谓是城市还是乡村，无论路程远近。

找到一些美好的东西，一些让你高兴的东西。在这件能让你高兴的事上花点时间，运用你的感官，享受奇妙的大自然带给你的感觉。

就是这样！

💡 **示例**

在孩子还小的时候，我和我的爱人会在我们生日的时候把时间空出来。我们会在当天安排一场短游，在这一天，不会有孩子来打扰我们（不会有小孩子一直在旁边问"到了没有"，或者走 50 米就吵着要买零食）。最好的行程一般在酒吧或咖啡馆结束，然后返程。在其中一个生日，我们谈论到我们是多么喜欢这些日子，以及它为我们创造的二人空间。我意识到，原来我们喜欢的这种日子，每年只能过两天，这也太不可理喻了！我们完全可以增加这样的幸福日子。

后来我发现了，只有在生日时我才允许自己拥有如此的快乐，我脑海中的约束（"照顾孩子很麻烦""我们没有那么多年假""我们需要提前预订"等）就这样消失了，突然我就有了更多为自己创造喜悦的可能。

我们现在每个月都会安排一次外出日。这感觉就像一种款待，很特别，现在它也是我们日常生活节奏的一部分。我们在日记簿中提前安排好外出的日子，这些日子是我们期待、计划和独享的完美二人空间。

对我来说，跟爱人每月的散步日是放松，但可能对其他人并不适用。你有没有像我的散步日同样的时刻呢？你剥夺了自己哪些快乐的时刻？你可以开始在自己的日程表中安排些什么，并给做这件事多留些时间？

在工作中找到快乐也很重要。当你把时间花在你最喜欢的事情上时，它会大大提升你的工作价值。这样你才能更好地发挥自身优势，感受心流（更多内容见第五章），在工作中实现更好的自己。

下面的反思点列出了一些需要考虑的问题。

> 💡 **反思点**
>
> 你最喜欢做什么?
>
> 是什么给了你快乐——活动、人、情境、经历?
>
> 你在经历或做这件事时,还有什么其他的感受?
>
> 何时,怎样才能提高自己的快乐频率?
>
> 是否有其他方法可以让你感受到更多自己想要的感觉?
>
> _____
>
> _____

学会判断什么时候才应该回答"好的"

你会对什么事情说"好"?当清楚自己想要什么之后,你回答"好"(或者回答"不",详细内容见第五章)就变成了一件容易的事。

在我们的文化中,存在让人压力倍增和不堪重负的一部分,那就是我们总期待自己的能量能永远保持在"春季"和"夏季"状态,总能精力充沛,积极应对所有的事情。作为女性,我们总会条件反射地期望自己成为集体中的一员,总在取悦别人,优先考虑别人的需求,对什么事情都回答"好"。

我们必须学会判断什么时候才应该回答"好的"。我们给出的肯定回答应该源于自身的热爱,而不是敷衍地回答"哦,那好吧"。当自身意愿达到 80% 到 100% 时,再回答"好",如果你的意愿才 20% 到 40%,那就不要给出肯定的答复(同意在这里是另一个完整的相关话题)。

💡 **示例**

在职业生涯中,我经历过很多次职业倦怠,因为面对别人的要求,我总会慷慨又随意地回答"好的"!我给出了太多承诺,自己的能量和能力也都发挥到了极限。长时间的高负荷工作使我不堪重负,有一次,我把自己的情绪和倦怠带到了监管工作之中。后来我的主管告诉我,我要改掉自己这个对什么都说"好"的习惯。我很生气,她的意见让我纠结了好几天(这通常表明有人说了一些我们需要更深入探讨的事情)。

所以,我开始仔细思考这个问题,然后发现我回答的"好"是有热情梯度的,并不是所有的"好"对我来说都具有同等的价值,并不是所有的"好"都能让我用 80% 到 100% 的热情去执行。有时候我答应的一些事,其实自己并不是很想做(40% 到 60% 的意愿)。我开始意识到,要想改进自己不会拒绝这个问题,我们要先学会对自己不想做的事情说"不"。

怎样才能分辨出自己百分百的认同？

在和一位同事讨论不同的客户项目时，我感觉思绪飘忽不定，于是我开始检查自己身体的能量值。在同事给我对接一个涉及瑞典、意大利、中国、美国旅行的新的高预算项目时，我听得很无聊，有点累，还有点困。我很好奇自己当时的反应。我当时给出了应有的回应（我已经学会了如何在谈话中做出回应、建立融洽的关系并保持联系），但其实对他讲的那些东西，我完全提不起兴趣……直到他提到工作中的性别和包容方面的问题。我注意到自己的身体里升起了一股强烈的好奇心和能量。这部分才是我想说"好的"的内容！

对我来说，"好的"就像一个气泡，在我的体内膨胀，令我心跳加速，感受到自身能量的爆发。与之相反的是，有些事会让人感到疲惫、压抑、波澜不惊或毫无动力。对我来说，倾听内心的肯定答复，是一项正在进行的工作。这一基本实践为我们提供了黄金数据。

那之后，我从下一位领导那里学到了，当我们把更多的注意力放在变革工作上时，我们就会进一步明确我们应该什么时候回答"好的"。随着我们细分下来，对称心活动的评判再次打开，我们需要进一步对事件进行提炼。曾经我有 80% 的答案是肯定的，现在只有 60%，甚至 40%，所以曾经的同意就变成了现在的拒绝。

💡 **练习** **力量练习：百分百同意**

你是如何辨别自己想要完成的事情的？你的身体会发出怎样的信号？

下次再碰到有人给你一个工作机会，或者你要做一个选择时，检查一下自己的身体反应，你注意到了什么？

什么事情会让你感到约束？

什么事情会让你感到开阔、舒展？

20％ 的意愿是怎样的感受？40%、60%、80% 呢？你能很好地区分自己不同程度的意愿吗？

开始真正习惯倾听并接受你自己真正想做的事，是我们了解内在智慧的另一种方式。每天在做决定的时候进行自我检查（即使只是决定喝茶还是咖啡），你的身体数据如何？当你锻炼肌肉的时候，当你要做"更重要"的决定时，看看你的身体数据，再决定是否要接受新的任务或工作机会。我曾问过很多我的未来潜在合作者、伙伴、同事，甚至客户，"喜欢对什么事情说'好'？"因为通过他们给出的答案，我能知道什么会吸引他们，点亮他们的内心，所以只要有机会，我就能为他们提供更多他们需要的东西。

我鼓励人们在将工作和改变结合起来的同时，丰富生活中能带给我们快乐的其他方面。你感兴趣的任务很少会只集中在一个方向！

关注自己的嫉妒心

嫉妒心也能从侧面反映我们想要的究竟是什么。注意！当我们对别人的情况、境遇、财产、他们达到的成就或里程碑、他们性格的某一方面，或他们的行为或处理情况的方式感到嫉妒时，我们的嫉妒更多地揭示了我们自己内心的想法和欲望，而不是嫉妒对象们的情况。请注意这一点。

既然我们在这一章中讨论我们的欲望和我们会在什么情况下说"好"，那下面当然也要提到如何说"不"（具体内容在第五章中进行详细介绍）。

在探索了快乐和同意之后，我们现在要将焦点转移到目标和改变上。

你的人生目标是什么？

Ikigai 是一个日语短语，翻译出来的意思接近"人生目标"。这是一种思考自己喜欢什么、擅长什么、世界需要什么，以及你能得到什么报酬的方式。它经常被改编成一个职业规划工具，在这里我将用它来帮助你将自己的意图、想要的东西与变革的目的、对未来的计划结合起来（见图4-1）。

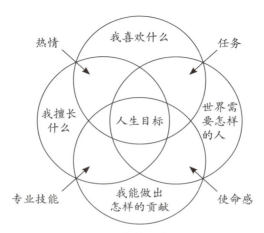

图 4-1　你的人生目标

让我们深入了解人生目标

你准备好做一些调查和探索了吗?

围绕图中每一片花瓣,将第三章的内容和本章前面的"我想要什么"的反思点联系起来考虑。

作为变革者,你可能已经与你的目标的这些方面联系了起来。将这些反思点作为一个机会,"强化"你所说的"好"的方面,来完善自身的目标和重点。

找到自己真正喜欢的东西:

我在哪儿能感受到最多的快乐?接下来的一周,请大家开始追踪自己的快乐水平,并检查自己百分百同意的情形有哪些(见上文)。就我自己而言,我有一个"我热爱的事情"的大清单,然后当我检查我的内心快乐追踪器时，我意识到原来让我快乐的事情是有一个范围的！我会把这些事提炼分为我喜欢的、我热爱的和我真正热爱的事情。

找到自己真正擅长的东西：

我的长处是什么？你可以通过完成一些测试了解自己的优势，如填写"优势范围"问卷或"自我认识量表"，进行九型人格性格测试、格斯测试等，让自己对自己的优势有更深入的了解。探索自身的"卓越区"和"天才区"。

向值得信赖的同事寻求反馈。可以这样问："用三个词描述我。和我一起工作时，你觉得我哪方面做得比较好？我的长处是什么？"你将从同事们给你的反馈中获得很多信息！

回想最近三项你真正引以为傲的成就。你做了什么，你的贡献是什么？把这些都用纸笔记录下来。

这些分析主要围绕的主题有哪些？

找出这个世界需要什么：

当今世界上你最好奇的事是什么？什么能引起你的兴趣？

你会先看报纸、杂志的哪一部分？上网浏览时会点击什么样的页面链接？

在你看新闻时，哪些消息会让你动容？

你会因为看到什么样的事情而愤怒，愤怒点在哪儿？

有哪些不公平是你想要纠正的？

想象一下，如果你有一根能够改变现状的魔杖，你首先会做什么？

完成以下句子：我希望有更多……我希望能少点……

有时候我们知道自己想涉足的工作领域，清楚自己想要在哪方面做出贡献，接着我们需要研究我们在该领域具体有哪些发展的可能性。

需求是什么？还有谁在做这件事？其他人是怎么做的？现在开始探索那些已经发生的事情，你还能做出什么新的贡献？

你有什么问题吗？还有什么不清楚的？还想知道些什么？

在你喜爱的、真正擅长的和你想做出贡献的领域找到平衡。

看看我能获得多少回报：

你可能并没有想通过自己在变革中做出的贡献获得什么实质性的收益，最起码最开始是纯公益行为。通常这就是我们积累经验、证明和检验某件事是否真正适合自己的方式。如果你希望你的这部分工作能让你过上自给自足的生活，那么你就需要考虑一下你热爱的、擅长的和世界所需要的，这三者的重叠部分是否能给你带来收入！

建立一个招聘广告和工作规范的研究档案。通过仔细研究这些内容，了解不同行业、不同类型的工作，都在寻找什么样的人才。

看看自己网络或邮箱的常用联系人。仔细思考一下变革工作中所需要的全部角色。什么角色最适合你？什么样的角色能最好地与你的天赋和技能组合？

这样做是寻找将自己应得的报酬与自己喜欢的、擅长的和想要做出贡献的领域匹配起来的方法！

如果我不知道怎么办？

如果你现在还不知道具体应该怎么做，没有关系！继续研究，坚持倾听，眼观四路，耳听八方，保持心灵的开放。在第五章中，我们将在此基础上更进一步，这对你来说可能会是一件非常新奇的事。

下面列出了一些引发思考的问题：

💡 **反思点**

鉴于以上所有的分析、研究和数据映射：

为了让自己过上梦寐以求的生活，让自己的梦想变得与众不同，你都做了哪些努力？

你在帮助谁？

工作环境中发生的变化哪些是由你引发的？

社区发生的变化中哪些是你引起的？

你想留下什么样的影响？

哪些活动你会无条件执行？

如果你准备拿着你的镐头,凿开"阻碍之墙"上的一个点,你知道我们最终会一起把这堵墙推倒,你会在什么地方砸下第一锤?

_____

_____

描绘变革工作的环境

在这里让我们一起为你的变革工作绘制出具体的工作条件和环境。在这一过程中,知道自己绝对不想要什么十分重要。让下面这些反思点帮你理清思绪。

💡 反思点

我想为哪类组织,在哪类经营模式下工作?

我想和什么样的人一起工作?

工资和福利水平怎样?

责任水平和领导资历如何?

我想要什么样的工作环境?

工作地点在哪儿?

我想要达到怎样的生活水平?

其他现实中对我很重要的事是什么？

我绝对不想做的事情是什么？

_____

_____

噢！我们已经一同完成了很多调查工作！你可能获得了不少新信息，有了不少新发现。你可能会精力充沛，感到兴奋、期待；也可能会有些不知所措，觉得不确定，不知道如何处理自己的这些新发现，或者下一步该做些什么。

在这里，对自己温柔一点。这是一个反复的过程，当我指导女性探索她们的"人生意义"时，我们会绕着图中的花瓣来回分析好几圈！这些像"面包屑"一样的线索，将引导你进入下一个阶段。

利用下面给出的反思点，想象你未来的成功会是什么样子的。

💡 **反思点**

你眼中的成功是什么样子的？

当你过着你梦想中的生活，让梦想变得与众不同时，它给你的感官会带来怎样的冲击（视觉、感觉、听觉）？

这时周围发生了什么？

你在干什么？在说什么？

将你的想象具体化。

我的一些客户在和我们一起完成这项练习时，她们会对自己现在所处的位置和轨迹产生一种认同感。而另一些客户会有一种"我现在需要做出改变"的紧迫感。她们知道自己要朝哪方面发展，重新确认自己当前处于什么核心状态，以及可以选择做出什么样的调整，让自己向着既定目标前进，坚守本心。

你呢？在这一点上，你有什么计划，打算下一步采取什么行动？

慢慢来，不必急于进入"实施"阶段。当我们静下心来思考"我想要什么"和"对我来说成功是什么"之类的问题时，我们会获得更多见解，而当我们在一生中反复思考这些问题时，这些问题会给我们带来更多的见解和智慧。

这些时候也是你向职业教练、导师、治疗师、朋友表露自己看法、想法的好时机，特别是如果你正在寻求一个重大转变的话。

关于目的，以及我们对目的的感觉，如何影响我们的生活的一些总结性思考

我问过很多的变革者，他们是否有目标，以及是怎样发现

自身目标的。她们的答案五花八门，有的说"就是它"，并且其中少部分人自始至终对自己的目标都很清晰；但更多的人则表示她们的目标是突然出现的；还有一些人认为她们仍在找寻自己的目标；而另一些人则表示，她们要用尽一生去探索和完善自己的目标。

职业教练维多利亚·史密斯·墨菲（Victoria Smith Murphy）分享道："我认为目标不是固定的，而是不断发展的。我相信我现在正在追随着属于我个人的北极星，而那就是我的指路灯。我做了很多年指导个人发展的相关工作，我相信每个人的'目标'都源于对自我的了解。"Two Feet In 公司的创始人朱莉·费德尔（Julie Fedele）说："目标是一个意味深长的词。有很长一段时间，我觉得我的人生没有成就，因为我没有找到自己生命中注定要'做'的那件事。现在的我变得更加随性，追随自己的好奇心和自己内心的感受。例如，我真的很想知道为什么自己在生命的大部分时间里都没能感到满足，以及我怎样做才能够帮到那些跟我有相似感觉的人。"

高级管理人员培训师杰奎琳·康威（Jacqueline Conway）在分享她的个人经历时表示，她是通过不断试错，才发现了自己的目标。"在我的目标探索之旅中，我会特别关注那些直觉、感觉都'对'的情况。"品牌摄影师唐娜·福特（Donna Ford）补充说："这种感觉贯穿了我的一生，我一直在寻找线索，做下一件'正确'的事情。目标一直在进化和发展，我不认为它是你能达到的一个点。"丽贝卡·温弗里（Rebecca Whinfrey）博士表示，"我的目标是在克服困难、反思自身现状时出现的。"

根据以上这些答案，结合我自己的经历，我总结了一些有关目标探索的智慧：

1. 无须等待找到"目标"。无论你是否已经找到了自己"人生的意义"，你现在就可以感受到自己是有目标的，你可以每天醒来，有目的地、专注地生活。与你的价值观相联系，以自己关注的事情、自己的快乐为中心，在日常生活中找到生活的意义。

2. 目标具有突发性。我们很少在事情刚开始时就能预见到它完整的旅程，当我们踏上旅程时，我们才开始看到道路。不需要有 100% 的把握才开始，我们可以在实践、尝试、实验中不断探索。

3. 目标会在工作、生活中不断出现、转换、改变。你想在哪方面做出贡献的细节可能会随着时间的推移而变得更加清晰，也可能会在你生命的不同阶段出现，不用着急。思考一下自己寻找目标的故事，你可以通过追踪你生活的线索、主题和想法，寻找目标留下的蛛丝马迹。

4. 目标不需要考虑终点或后续影响。是的，我相信我们每个人都是独一无二的，都有能力找到自己的空间，发挥自己的独特价值，为人类和地球服务。并且在我看来，终极目标（即所有旅程的目的地最终指向就只有一个）是不存在的。

5. 我们的目标体现在生活的点点滴滴中。正是在我们有意识的生活中，在当下，我们留下了属于自己的传奇，塑造了我们想要被世界铭记的样子。

6. 对目标的追求不能以牺牲心理健康和幸福为代价。我也曾与一群极度"目标驱动"的人共事过，他们每个人都目标远大，但他们生活得不快乐、疲惫、精疲力竭。我认为自身欲望不该屈于使命感、目标之后。

7. 目标帮助我们找到我们的同类人。当我们朝着自己热爱的领域前进时，我们就会在那里找到知音（详见第七章）。

8. 你还年轻，永远不晚。记住，时间是有弹性的！我们所拥有的就是永远存在的"当下"。没有必要过早质疑自己，世界需要各种各样的人，你有很多机会能做出独特的贡献。认真聆听、追寻内心的欲望，然后开始做出改变。从今天开始！

本章小结

本章的主要内容是关于自我倾听、自我了解、自我相信，和探索自己真正想要的人生。作为一个变革家，这将帮助你实实在在地构筑出第三章中提到的自我发展的可视化图景。

在本章中我们探讨了在工作中找寻自身欲望、快乐和100%

想做的事。我相信你能感觉到自己在这些方面有所进步:

- 对自己想做的事,想要做出的贡献更加清晰;

- 走出去、去实践,这样就能更清楚地了解情况;

- 找到了倾听自己内心欲望的方式;

- 能更好地与自身快乐联系起来,执行自己的快乐清单;

- 学会倾听自己的忌妒之心;

- 清楚地知道自己的欲望是什么,自己希望在哪方面做出变革性贡献,即使这个欲望是突然出现的;

- 在通过自我倾听不停地成长;

- 增加对自己的信任,培养自己的成长型思维。

所以现在的我们对自己想要过的生活、想从事的工作、想做出的贡献更加清楚。那我们怎么实现它们呢?在第五章中,我们将讨论如何填补上所有的细节,我们将探究自夸是如何促进一个人的发展的(老实说,自夸并不像听起来那么不好)。

💡**复习** 反思练习

这一章对你来说最重要的是什么?

关于欲望,你学到了什么?

关于欲望、快乐、肯定、忌妒,你秉持的信念是什么?

你从哪些方面看出你已经习惯了这些方面的经验?

你从你的人生目的中学到了什么?

这些是给我带来快乐的事情。

这就是我今天、本周和本月能做更多事情的方法。

我的变革进程 + 行动追踪器：

我为变革做出的贡献是……

我是这样做的……以这种方式……

对，我会给出肯定的答复……

我的出发点是……

下一步，我最好……

我要做的尝试是……

我注意到……

以下是我坚持下去的方法……

以下是我如何保持责任感的方法……

自我肯定

"对我来说，表露欲望是安全的。"

"我要听从自己的内心。"

"这样我就可以安心地告诉自己，自己真正想要的生活是什么样的。"

"我相信自己。"

"我要学会享受。"

> "我很清楚自己想要什么,想做出怎样变革性的贡献。"
>
> "通过倾听自己内心的欲望,我获得了成长。"
>
> "我正在增加对自己的信任,发展成长型心态。"
>
> "我感到精力充沛。"

关于韧性:

对我来说,韧性就是学会接受有时事情会很困难,但这并不意味着你无法克服困难。你要明白无论你面对的是什么,最终都会过去的,牢记自己所有面对困难、克服困难的时刻。记住暂时的困难不会对我们造成决定性的影响。

我很了解自己的触发点是什么。当某些事情影响到我的精神或身体时,我会及时停止。我不怎么会为取消某件事和回复无法完成某事而苦恼。这意味着我能够更好地照顾自己。我知道什么东西能让自己心情愉悦,无论是美食、散步,还是与人交谈。曾经的我也是一个一股脑做事、自我压榨的人,但我知道这种工作方式并不健康。

关于跨越阻碍与偏见:

肯定有很多人捍卫阻碍与偏见。在我的工作中,有很多男性身居高位。相比起那些要花时间生孩子、暂离职场的女性,和职业生涯因此受到影响的女性,男性升职更快,并拥有更多的升职机会。

在工作中，我一直不愿意为自己辩护，这点绝对要改。在我看来，大家会有一个错误的认知，即为自己说话的人是"麻烦制造者"。我认为这个体系是针对在职父母而设置的，要在这个系统中游刃有余，是件压力很大的事。

关于未来的工作：

在我看来，人们需要更灵活的工作时间。新冠疫情告诉我们这是可以做到的。我觉得工作日就应该设置成每周 4 天，人们应该有更多的假期。让人们疲于奔命并不是一种有效的生活方式。

第五章

变革的重点："如何实现变革？"

想一想，在生活中，自己真正想要创造、实现些什么，然后对其他的一切干扰说"不"！

——匿名

你已经遇见了未来的自己，每天都在为自己设定目标，一步步走向自己真正想要的生活。在人生规划图中，你已经找到了人生的意义，找到了自己想要做出的贡献、留下的影响。大局层面的工作已然完成，我们将在本章中开始构建细节。如何实现目标？如何保持正轨？

本章我们将共同探索：

● 自夸及自夸的重要性

● 制定宏观目标，然后将它分解，一步一步去完成，了解在实现目标的过程中必须做的事

- 实现目标的方法，包括：
  - 制订行动计划
  - 坚守正轨，让自己不至于焦头烂额
- 把事情办好的方法，包括：
  - 找到心流
  - 摆脱拖延
  - 批量生产的魅力
- 设定界限，你的"是"如何塑造你的"非"
- 寻求帮助

首先，让我们谈谈"自夸"

作为我的商业大师课的一部分，我经常要求学员通过小组讨论，"检视"她们能够拿来吹嘘的点，即上个星期令她们引以为傲的成就。这需要是她们自己（而不是她们的团队）所做的事情或取得的进展。事情可能很小，事实上越小越好。

这其实是一种故意挑衅，为了帮助她们舍弃以前所学的。作为女性，我们总会被要求"不要太自大"，导致我们因为害怕被拒绝和排斥而成为孤芳自赏的人。女性倾向于将成功归因于外部因素，而男性倾向于将成功归功于自身的努力。当我们压抑自己的欲望、削弱自己的存在感并专注于取悦他人时，这种对自夸的关注会抵消我们的条件反射，告诉自己，我们是有价值的。我们在自夸时，也是在为他人树立榜样，让她们了解一些新的可能，提升自己做贡献的能力。

💡 **练习　力量练习：自夸**

我今天的贡献是什么？

取得了哪些进步？

哪些地方值得炫耀？

哪些是我引以为傲的？

成就再小，也要坚持每天都把它们记录下来。

自夸可以帮助我们注意到自己在向目标前进的路上取得的进步。当我们完成了对我们来说很重要的任务，注意到了自己的这些小成就时，我们就会有更多的信心和动力去继续实现大目标（大的成功就是一小步一小步的成就的不断积累）。小小的进步可以帮助我们认识自身的发展潜力，然后我们也会越来越自信，相信自己的变革梦是能够实现的。把自己完成的每一件事都汇总在一起会给我们一种成就感。成就和完工是带给我们快乐的关键因素。当我们对自己的能力有清晰的认知时，自我效能就会提高，我们也会变得越来越自信，幸福感也会随之提升。关注自身的进步和每天的小"胜利"非常重要，它们能给我们带来很大的力量，可以让我们变得坚韧不拔，提升我们的影响力。

杜绝消极偏见，通过健康的心理习惯建立自身韧性（见第一章）。这些健康的习惯能够支撑我们在变革中发挥领导作用，并为其他人树立榜样，让她们也能勇敢地追寻自己的梦想。

如何实现目标?

让我们从构想的结果着手。

现在的你已经发掘了自己内心深处的渴望，确定了自己内心想要改变的东西，以及想要做出的贡献。通过调查研究，你也确定了对自己来说什么才叫成功，如何评判自己是否成功。当你准备好后，你就可以继续推进，向自己的目标前进。让我们一起来看看如何将目标铭记于心，推动其发展!

提升目标黏性

💡**练习** 变革行动：提升目标黏性

1. 创建一个愿景板。这是一个创造性的过程，它会帮你挖掘自己的直觉。找一些旧杂志或报纸，放上音乐，花30分钟的时间翻看杂志，剪下任何你觉得有意义的东西——图片、颜色、短语。休息一下，喝点东西。然后返回整理自己刚刚

剪的东西，用它们做一个拼贴画。在创作拼贴画时，你可以
不停问自己："当我过上自己梦想的生活，让自己的梦想变得
与众不同时，场景应该会是怎样的？我有什么样的感觉？"享
受这个过程！把它们拼起来之后你就知道自己想要什么了。

2. 像写故事一样记录下来。描述一下你梦想实现后，你
的生活会变成什么样子。使用"我"作主语，采用现在时态
完成创作。参考以下提示：

（1）我住在……

（2）我正在做……

（3）我做出的变革性贡献是……

（4）我带来的影响是……

（5）它让我觉得……

3. 再制作一个便利贴版本。把你的故事提炼成三行文字
写在便利贴上。把它贴在你每天都能看到的地方。

4. 录下自己对故事的自述。给自己发一个语音提示。讲
出自己的故事。像上面的第 2 条那样使用"我"做主语，或
者以同好友讲话的方式进行故事陈述。讲述过程中请加入大
量的肯定词汇（见每章末列表）。

5. 选择一种身体姿态去呈现。活成未来最好的自己是什
么感觉？回想一下你动态的可视化想象。你能用一个姿势表
达自己的感受吗？我的一些客户会选择使用瑜伽姿势（战士

式或树式代表着强势）。

6. 告诉你的朋友、教练、导师或商业同伴。对别人大声说出你的梦想会增加你坚持梦想的恒心。你可以让他们只听你说（不做评论或批评）。

所有这些活动都为你的大脑提供了成功的基础。

分解目标

你知道自己想要达成的目标，行进的方向、轨迹。这将成为你的北极星，指引你前进，帮你不脱轨，保持动力。现在，让我们把轨迹分解成具体的目标，然后进一步分解成更小的小项目。以下是我的做法。

我会拿出自己的愿景板，用便利贴记录自己的小故事，然后把它们贴在我面前的桌子上，接着准备一大张纸（我用的是装饰用的内衬纸）。我还准备了一些水彩笔和一叠彩色便利贴。接着，我把愿景板上的每一个区域都分解成具体的目标。

然后，我描绘出为实现这些目标所必须做的事情。每张便利贴上写一项任务或想法，然后我把这些便利贴分组。例如，在我的愿景板上写着，我正在赚取一笔不小的收入，我正在通过咨询工作、我的商业策划人以及我对女性领导者的一对一培训工作来做出改变。

为了获得成功，我将必须做的事情分解到每一个领域。我确定有一个领域的可完成度很高。因此，我阅读这本书的第七章，然后在脑海中勾勒出我可以在可完成度高的领域上下功夫的所有方法。另一个我对未来的畅想就是一个我在写书的场景。所以，我把必须做的事情分解成与推进这一目标有关的内容。我继续分解每个部分，直到有了具体的详细行动指南。

我通常发现，这里有很多的大目标和行动，我不可能一次完成所有！正如我在第二章中所分享的，我最喜欢的四季能量是春天，我喜欢这个阶段活跃的新想法和可能性。当这种生成性和扩张性的力量发挥过度时（对我来说是一个严重的障碍，也是导致倦怠的潜在因素），它可能会导致我有太多的事情要做。所以我需要引入"提炼"和"选择"的秋天能量，倾听我内心的智慧，弄清楚什么是我 100% 想要完成的事，什么是我不感兴趣、暂未完成的事。

我会把项目都细化下来，对它们进行衡量。哪些项目是我 100% 感兴趣的？哪些是我 60%、40% 或 20% 感兴趣的？

我会审视一下自己的能力，然后把这些项目按自己的意愿程度值排列。在任务 1、2、3、4 中我的侧重点都是什么？哪些任务会被推到第二年？哪些事情现在还停留在想法阶段？我要努力改变自己过度承诺、过多包揽任务的问题，试着在一年里增加自己的空余时间和空间。

了解自己全年的工作节奏、行业节奏。就我本人而言，一月份我比较清闲，二月到七月比较忙，八月能喘口气，然后九月到十一月就会又忙起来，十二月归于平静。我会提前考虑自己全年的能量流和能量四季，为能量冬季提前安排好休息时间，安静的空间和假期。温馨提示：该方法一反常规，引导我们根据季节和周期进行思考，而不是采用老套的线性"推进"方法。

从这种大局观的规划工作中抽身出来

根据以下反思点来考虑你的计划。

💡 **反思点**

当我看到这个计划和思想地图时，最让我兴奋的是什么？

这个计划能给我带来充足的乐趣吗？

我该如何在变革中进行自我拓展，该如何大胆承担风险？

我的兴趣点在哪？

这个计划有没有将我的健康和韧性置于首位？

下一步最好做什么？

我需要跟谁交谈？

_____

_____

当我们被各种选择压得喘不过气时该怎么办？

选择从一个领域开始，从小处着手。我们能从开始、执行、试验和调整（即使我们以后可能需要暂停并在其他地方重新开始）中学到的东西，远比我们从过度思考和不知所措学到的东西要多。

当我们不知道该做什么的时候该怎么办？

我们将自己的目标和梦想分解成一个个项目，一小块一小块的工作，然后又将每一个项目分解成所有必须做的事情，进而再将其分解成细化的内容，我们不是万事通，不会知晓所有问题的答案，那么当我们不知道答案时，我们该怎么做？

我们可以开启研究模式。

把你想问的问题、想了解的事情列出来。有时我们知道这些事情涉及的部门类型、工作类型、服务人群的类型，我们知道自己前进的大方向。这些都是引导你进入下一步的线索。

然后运用三"R"理论继续研究：

资源（Resources）：网上搜一搜，看看有没有答案。

记忆（Remember）：你本身掌握的知识，你能从自己的过往经验中学到什么。

榜样（Role models）：在你之前，有谁做过类似的事。给他们点报酬，让他们教教你，这样你就能更好、更快地实现目标（当然你依旧有可能碰到其他问题）。

💡 **示例**

我的愿景板上有写一本书的目标，所以我把它分解成我需要完成的具体任务和行动。写提案、写提纲、找代理商、找出版商、写书……发行和促销还有另一个详细的分解计划。

插句嘴，写书这件事，我考虑了很多年，五年前我就把它写在了自己的愿景板上，两年前开始实施。然后又花了两年的时间，有条不紊地完成写作和推广工作。我在这里分享自己的经验其实是为了鼓励大家勇敢地进行尝试，我能做到的事，相信大家也可以！你可以先找到想追寻的梦想，然后朝着自己的目标努力。

因此，要想实现这些伟大的梦想需要时间，你不能完全放手不管，你要花很多年的时间深思熟虑，将这一想法塑造成型，然后采取行动。当我们把梦想、目标从脑海中搬进现实，当我们根据动机力量练习方法费心投入精力时，我们就是在动脑。在大脑和心灵已做好准备的情况下，你会看到机会出现，保持专注，将行动坚持到底，这个目标就会在你的脑海中扎根。

这整个过程对我来说都是全新的体验，我并不知道怎样做才能使目标达成。要想找到答案，我还需要进行更多的研究和探索，然后再进入执行阶段。

我参加了一个出书挑战来帮助自己找思路，我问了我出版过书的朋友和同事，寻求他们的建议和看法，还找了专业做出版的人聊了聊。除此之外，我还在互联网上搜索了大量出版过程相关的信息，阅读了很多关于如何将一本书推向世界的书籍。

了解清楚流程后，接下来我要做的就是分配项目所需的时间和空间。

这时，内心的"批评家"就开始蠢蠢欲动了！

当我们开始朝着目标采取行动时，我们内心的自我批评就开始出现失控的可能了！当我们开始做准备，踏出第一步的时候，我们就走到了自我舒适区的边缘！

请注意以下情况的出现：

我要是失败了怎么办？

要是有人质疑我怎么办（而且幻想了所有可能被人质疑的

情况)?

我做这件事没有意义,以前有人这么做过,别人做得更好……

我凭什么觉得自己做这件事能成功? 我只是……

记住,你之所以会产生自我质疑,只是你的内心在作祟,它在通过让你保持渺小来保护你。带着同情心去倾听自己的内心(使用第二章中的力量练习),这样你就不会被自我怀疑打败。

什么都不尝试最容易

当创造性想法、新项目、有趣的事、变革性工作在脑海中不断盘旋后,它们慢慢就在脑海中扎根。它们在脑海中停留的时间越久,大脑对它们风险度的判定就会越低,越会觉得做这些事是安全的。

这是一种拖延的表现,是一种观念,即任何人都可以成为艺术家,但不是每个人都愿意投入工作中。

一个新项目在你脑子里的幻想版本会比现实中的执行容易得多。当你开始采取措施使梦想成为现实时,你会经历一些困难,你会发现要想实现目标,自己还需要付出更多之前没有预想到的努力。最终得到的结果也很难如愿。让想法留在脑海里比把它变成现实要容易得多!

但是,在现实中取得进展,无论结果如何,都比一直幻想和无所作为更可能帮你实现人生目标！

轻松实现目标，防止崩溃——这里有解药！

正如我们在第三章所探讨的那样，西方社会主流文化美化了过度生产、忙碌、不知所措、催促和疲惫带来的压力。男权社会预设的"永远在线"模式会耗尽我们的精力、影响我们的心理健康，同时也在加剧不平等的鸿沟。

在这本书中，我们可以从另一个角度来看待有意的、周期性的和季节性的生活。当我们选择以该种方式生活时，我们会很重视自身娱乐、休息和快乐，会把它们放在首位，这一行为是我们反抗压力文化的一种方式，也是对我们本性的尊重。当我们以长远的眼光看待我们的生活时，我们就会发现，自己还有很多时间，我们还年轻，现在开始朝目标前进也不晚，这时，我们就得到了摆脱焦虑的解药。

该想法与压力文化相悖，所以有一定风险。因为这里还有职场的需求和他人对你的期望。你可以开始进行哪些对话？能不能找到属于自己的"系统安全"，这样你就能以一种接地气的方式谈及该话题。当你扮演团队领导、公司老板、雇员等不同角色时，你还能找谁交流、合作解决这些问题？你如何向你的雇主提出这个问题？第七章和第八章将涉及更多关于如何影响组织文化的内容。

现在我们已经了解、细分了个人目标。接下来在执行过程中，我们要建立自身审查跟踪体系，以帮助自己以可持续的方式保持在轨道上。

这无关"拼命"文化和磨炼。我们不是"疯狂"的生产力，记得吗？这是关于按照你自己的节奏工作，利用轻松的方式来实现目标，并在这个过程中找到快乐的方法。

保持正轨

你是否曾在一周结束的时候想知道自己这周都做了什么？你肯定很忙，却不确定自己有什么进展？

也许你现在所从事的工作对你来说意义不大，你需要的是转而从事能够改变现状的工作或朝着改变现状的方向前进的工作，这会给你带来巨大的改变。要在日常的压力中挤出时间可能很困难。即使你的梦想工作和自己现在每天花时间做的工作相差甚远，即使你现在是全职员工，承担着责任，没有很多时间做额外的事情，我依旧鼓励你不断进行尝试，即使每次实现的都只能取得小小的进步，也可以帮助你离自己的梦想更进一步。

每天一小步一小步地行动，每周抽出一小段专门的、不受干扰的时间来推进自身的目标，随着时间的推移你将收获越来越多的进步！

如果你是那种很容易被别人影响、注意力容易被分散的人，下面的内容能帮到你！

我们可以研究保持与梦想同步的**日常节奏**，然后是周节奏、月节奏、季节奏、年节奏。

这与将你的日常行动与你的更大的目标和梦想联系起来有关，这样你每天付出的热血、汗水和泪水才用在对你真正重要的事情上。回到第二章的能量追踪器的内容，看看你对自己的能量有了什么新的认知，这样你就能发挥自己的优势。

建立日常节奏

即使你并不是一个喜欢按照惯例行事的人，喜欢一切随心，你依旧可以创建一个基于**自身**目标（第三章）的简单的晨间习惯，并将这种强大的习惯融入你的日常生活节奏中。在别人的吵闹、待议事项、期待影响你之前，你已经开始了自己的一天。

一天结束的时候，可以使用第一章提到的"一天结束时的力量练习"，回顾自己的进步，自己所做的贡献，自己收获的快乐。如果你发现自己在一天中反复思考某件事情，使用第二章"摆脱心理反刍力量练习"中提到的黄金问题来帮助自己转换思维。回顾第三章中有关可视化的内容来提醒自己，自己的目标是什么，未来想成为怎样的人，然后从今天开始像她那样生活。最后用第一章中的感恩力量练习来结束这一天。

感恩是抵消大脑的负面偏见，重置我们的中枢神经系统，发展我们的成长型心态，提高我们整体幸福感的一种极为有效的方法。我每天早上都会进行感恩力量练习。到了晚上，如果我发现自己白天感觉筋疲力尽，也会以感恩练习结束这一天。在一天中的任何时候，当你觉得自己很烦闷，想要提高你的思维清晰度的时候；在各种活动或会议之间切换，想重新调整自己的注意力，增加自己的存在感的时候；每当你感到恐惧，内心的批评之声响起的时候，或者你注意到自己在思考时处于固定的思维模式或沉思模式的时候；每当你想要改变自己的状态时；你都可以使用感恩力量练习。

注：我强烈声明提升自身积极性，不同于那种假装什么事都没发生的虚假的乐观，由感恩产生的积极乐观心理是真实有益的。我们可能会被灌输这样一种观点，即我们应该时刻保持动力、生产力，任何松懈都是我们没有发挥自己全部的潜力。这种想法既不人道，也不现实。产生难过和消极的感觉是正常的。根植于我们的生活经验的感恩，有着坚实的实践基础，它帮助我们以一种自然的方式获得真正的积极。

构建每周的节奏

在一周结束时，看看自己都获得了哪些进步。

💡 **练习** **力量练习：周成就**

一周结束时，快速浏览一下自己的日记和时间表，列出这周发生的所有事情，所有的小进步，所有激发灵感的对话，以及自己采取的行动。

记录下你处理过的任何棘手的情况，你进行的勇敢的尝试，你采取的方法。

回顾一下自己每天设定的目标和想要进步的方向，能够帮你朝着自己的目标前进（来自目标设定力量练习）。注意你已经取得的进展。

关注发生变化的事情。随着时间的推移，每周的小改变会累积大转变。

每周我都会把这些记下来，用铅笔写在一张小便签纸上，虽然这个行为很老派！如果你更习惯用 Excel 表格或思维导图，你也可以采取更适合自己的方式！

我会花一点时间来享受这一周的回忆，为自己取得的进步而欢呼，庆祝每一点小进步和每一次胜利！享受自己在这一瞬间产生的感觉，把这种积极情绪的好处"锁"在自己的大脑和身体中。

我还会在便利贴上记录下日期，然后把它放进一个塑料钱包里。我做这些事已经有两年了，所以我的钱包里装满了我旅途中所有的成就、小进步和学到的知识。

当我感到害怕和想要退缩的时候，它们会给我很大的鼓励。

构建月节奏——衡量目标实现的重要方式

衡量成功的关键标准是什么？你如何判断自己是不是还沿着正轨前进？

我们可以追踪的事情太多了，全部都考虑一遍要花很多时间，所以你可以选取少量与你目标相关的成就进行分析。

我用影响、快乐和金钱这些标准来衡量自己每个月的成就，每一个标准对我来说都是一个关键的价值，也对让我过上梦想的生活和让我的梦想变得与众不同有极大的帮助。

影响指的是我想要从事一些变革性的工作和为世界带来切实的变化。

金钱表明我想要积累财富，慷慨地给予，同时还能支付账单！

快乐是指我需要优先考虑自身感受，保障自己的健康和幸福。

我会用这三个要素衡量自己应该答应哪些事，拒绝哪些事，而且我还意识到，要尽量让这三个要素保持平衡，否则自己的精力就会很容易枯竭（然后结果就是既没有钱，也没有乐趣和影响力）。

使用以下反思点来斟酌你的度量指标。

💡 **反思点**

在你的变革工作、职场工作中，什么是关键指标？

你能用什么简单的月度指标来衡量自己是否在朝着目标

前进？

_____

_____

每月回顾

我每个月都会对自己进行反思性学习回顾。有时我会选择采取边散步边录音的形式记录，有时直接在社交媒体上写文章、日志记录。为自己的进步鼓掌加油，享受收获带来的成就感，利用这种洞察力。

选取表 5-1 中的任意组合问题，你将问自己哪些问题？并使用本章末尾给出的肯定句式作答。最后以感恩力量练习结束月度回顾。

表 5-1　月度回顾

必答问题	选答问题	肯定式作答
这个月做得好的事情有哪些？	哪些事情让你感到兴奋？ 你通过哪些事收获了快乐？ 你最喜欢做哪件事？ 你的能量来源于何处？ 你对什么心存感激？	我收获了快乐 我创造了快乐 我非常感激

续表

必答问题	选答问题	肯定式作答
哪些事情有进展？	你是如何朝着自己的目标前进的（跟进所有的小事）？你希望下个月少些 / 多些什么事？	我正在进步 我追求进步胜过完美 我很豁达 我感到（说出你想感受到的更多的情绪）
哪些事情进展不是很顺利？	哪些事情感觉不太对？什么事情没有按计划进行，或者没有你想象得顺利？你想在哪些事上做出改变？你学到了什么？	我在学习，也在成长 我可以直面挑战 我接受变化 我顺应
上个月出现的哪些品质和特点，是你想庆祝一下的？	你怎样做才能在未来的每一天、每一周、每一个月更好地展现这些品质呢？	我是这样的人（说出你想拥有的品质或特点）

在继续向目标前进之前庆祝以下自己已经获得的进步

当我们完成一件事，进入下一件事情时，我们总是很容易直接继续，忽视我们已经取得的进展。花点时间来记录、留意、庆祝你的学习、成长和进步是培养变革能力的关键。虽然这看起来是件小事，但其产生的影响却可以累积。

展望

花点时间展望未来（再说一遍，我们的大脑正在为更多我们想要的东西做准备）。你希望下个月的生活看起来和感觉起来是什么样的，你还想要什么？你允许自己做什么？使用本章结尾的肯定句式回答这些问题。

构建季度节奏

季度回顾是检查终极目标的好时机，看看自己是如何取得进步的，都得到了怎样的结果，以及自己想要达成的重大变革。我的做法是，重新审视自己的快乐—金钱—影响指标，可能还会查看谷歌分析和关键词。你可以回想一下自己在做该事时所处的季节，怎样才能将其实现，哪怕只是实现 10%。你可以关注一下这个能量季节带给你哪些礼物，可以想想自己学到了什么上个季度，上上个季度还做不到的事情。这样的好处是可以不断累积的。回顾以前的月度和季度总结是很必要的，你可以真正看到自己一步一步的改变！

如何应对自己的发现？

跟踪和回顾自己取得的进展是个好习惯，但如何应对你发现的事情呢？

1）注意

2）庆祝

3）微调

4）学习、成长

5）继续努力

让我们逐一练习。

💡 **练习**

1. 注意。标记进度，重视你注意到的这些东西。哪些事情经历了变革，哪些事情在变化，哪些事情是固定不变的。

2. 庆祝。为进展喝彩，关注进展（记住你在重塑自己的大脑）。怎样实际庆祝一下呢？你能给自己准备些什么奖励？

3. 微调。记住，我们并不是在沉思！我们将进入反思模式（参见第二章）。根据自身的反思和见解，目前为止，你需要做哪些改变？

4. 学习、成长。全身心投入自己的变革事业中。设定你的目标，计划具体需要完成的任务。

5. 继续努力。始终如一，坚持不懈地进步。爆发和休整，寻找适合自己的节奏。想一想自己的循环是怎样的。

这就是成长型思维和内在智慧在工作和生活中的实践！

既然你已经有了自己的计划，也在不断跟进自己取得的进展，那么现在让我们集中精力完成变革工作吧！我们接下来要讨论

的是：

    1）寻找心流（适合自己的节奏）

    2）批量处理

    3）拖延症

    4）设定界限

    5）能量泄漏

    6）学会拒绝

    7）寻求帮助——众人拾柴火焰高

1. 寻找心流

心流是一种美丽的状态，在这种状态下我们会全身心投入工作中；我们会沉浸在自己的世界里，不会注意到时间的流逝。在这种状态下，个人的创造力、生产力都将大幅提升，自身优势也将得到充分发挥。心流状态是最佳工作状态，能够有效提升我们的创造性、直觉性和战略性思维。当我们独自完成一项任务，或者与他人深入交谈时，我们可以感受到心流。心流不仅能给我们带来极佳的感觉，还能以近五倍的程度提升我们的工作效率。

运用以下反思点反思你将如何规划心流的时间。

> 💡 **反思点**
>
> 你能开始计划每周的心流时间吗?
>
> 这是一个不受他人的剧本、急事、日程影响的时间。这是你在为自己的目标、优先工作项目、创造力、战略性思维全神贯注的时间。
>
> 你将如何做到这一点? 你将如何规划出这段时间,并保证它不被打断?
>
> _____
>
> _____

心流诞生的条件

每天 24 小时都处于心流状态听起来怎么样? 雄心勃勃,对吗? 持续处于心流状态可能是不现实的,如果你的日程表写得满满的(就像我认识的大多数领导一样),你需要有意识地为心流创造条件。

在日程表中列出心流时间。守护好这段时间,它是神圣的。让你周围的人学会尊重这个界限。向自己的团队、同事解释自己为什么要抽出这段时间(他们很快就会看到这样做的好处)。

跟随自身的节奏(回顾第三章中能量追踪器的内容),找出一天中什么时候是你发现心流的最佳时间。拿我自己来举例,孩子睡觉时,是我这周唯一没有被安排的时间,所以我的心流时间就要从这段时间内选取。

批量处理。这个力量练习旨在帮助人们快速、轻松地进入心流状态。

2. 批量处理

研究表明，在任务转换的过程中，努力、意图和注意力都会经历一定程度的流失。批量处理是一种强大的技术，可以帮助我们连接心流，快速进步，帮我们更有效地利用时间和脑力。

💡 **练习**　力量练习：批量处理

选择一项你想取得进展的任务。

留出 30 分钟不被打扰的时间。

关闭你工作台上的所有其他东西，不要打开其他标签！

设置 30 分钟计时器。

选择任务中的一个方面。

专注于这项任务然后开始执行。

当你的计时器响起时，你很可能处于心流状态，不想停下来。

但是，休息一下，站起来，喝口水，如果条件允许，你还可以爬楼梯锻炼一下。花点时间恢复精力。

如果你还有 30 分钟的空闲时间，重选工作重点，然后批量完成一波工作。

一天结束后，算一下自己今天总的心流时间，以及取得了多少进展，然后开始庆祝吧！

研究表明，在三小时的工作中"分批"进行一些短暂的精力补充休息（还记得第三章的内容吗？），会比持续工作三个小时效率更高。

分批处理已经彻底改变了我的工作方式，帮我分解了大的目标，一小步一小步朝着终极目标前进。这是一种需要培养的习惯，一开始可能会有点奇怪，但不妨试一试！

两种使用分批处理的方式：

（1）**推进想要实现的变革。联系**自己的目标设定练习，决定今天要做的事。大任务或目标可能会让人觉得难以承受，因此人们很容易变得拖延。但如果每天的任务只是完成大目标的一小部分，然后再把一天的工作时间分成几块，你就会发现，自己做起事来更有动力了。

（2）**完成任务清单上所有的小事。**分批处理相似的任务。例如，编写、发送、支付、追踪发票等财务管理任务；累积财富型任务，比如检查你的银行账户，把钱用于创造利润、积累储蓄、投资或存到存钱罐里；日程管理型任务，如安排会议、预订旅行和住宿；人员型任务，如准备一对一的个人发展回顾或与团队进行发展对话。一次性完成这些任务。

将分批处理理念应用于每日、每周的工作中

把大块的时间分配给重点任务（参见下方反思点判断哪些是重点任务）。例如，我的一些客户将周一或周五空出来作为创意时间，一些客户将周二下午腾出来作为团队时间，周三上午进行业务开发电话会议，周五上午进行团队管理等等。我的习惯是，每周周五跟进公司治理和财务情况，周一从事总体战略相关研究，周四抽时间进行内容创作和公关工作。

💡 **反思点**

我可以开始批量处理哪些任务？

怎样才能使用批量处理的技巧来帮助自己在一周中创造更多的心流？

我怎样才能在每周、每月、甚至是每天的某些时间，为自己创造出可控的"心流时间"呢？

有规律的作息能给我带来哪些帮助？

_____

_____

3. 拖延症

每当我们为实现变革目标而努力奋斗时，就可能会出现拖延现象。使用第二章中的"倾听内在智慧"力量练习，关注自己的想法和感受，找到可能导致自身拖延的原因（表5-2）。

表5-2　拖延症

应该注意些什么？	为什么会拖延？	如何解决？	有用的力量练习
我不想失败	害怕	找出自己在害怕什么。可能发生的最坏情况是什么	倾听自己的内在智慧（见第二章）
任务太大了，我不知道从何下手，我没时间完成这项艰巨的任务	不知所措、迷茫	提醒自己当初选择进行该项目的原因，用"必须做的事"练习分解你的终极目标	设置目标（今天想要完成的事情）（见第三章），分批处理（见第五章）
我不同意这种做法	不认同	花时间去思考自身价值以及自己接受的执行方式	倾听自己的内在智慧（见第二章），你想要的到底是什么（见第四章）
我还在思考，还没想好	还在消化	慢慢来！享受能量休眠期	重置中枢神经系统（见第一章），休息（见第三章）

4. 设定界限

缺乏界限意识会导致倦怠和疲惫。在你说"不"的时候就是在表达自己的界限。你的界限需要自己守护，这个没人能帮你。
使用下面的反思点来思考界限问题。

💡 **反思点**

　　这周我想保持怎样的界限？

　　我能给自己什么许可？

　　我怎样才能在优先考虑自己（自己的韧性，自己喜欢的
事情）的同时朝着目标前进？

　　需要和谁进行什么样的对话？

_____

_____

💡 **示例**

　　作为两个孩子的母亲，我这十年从做兼职开始，然后全
职，再到后来创办了自己的企业，我发现没有人会为你守住
界限，你的界限需要自己守护。你的同事可能会尊重你的界
限，但这并不能阻碍他们提出要求，让你突破自己的底线。

　　我不希望雇主对我的底线做任何假设。根据数据，我们
可以看出，许多女性错过了从事拓展性工作、获得晋升和被
关注的机会，因为雇主对她们想要什么和不想要什么做出了
假设，这种情况更常出现在做兼职或已经有了孩子的女人身

上。比起什么都不知道，我更愿意从老板那儿听到他所有的想法，然后对他说："不，不可能，因为我有这样的底线。"而不是他在完全不问我的情况下，就根据我的家庭情况，假设我做不到什么事，然后连机会都不给我。

5. 能量泄漏

最近我意识到，我每天都在删除几封电子邮件，这些邮件是我在疫情封锁期间订购的打印机墨水、植物、运动鞋的卖家随机发来的营销邮件。每天删除这些干扰邮件都会花我十几分钟的时间。尽管这些都是很小的任务，但它却在我完全没意识到的情况下分散了我的注意力，耗费了我的能量。今天我没有删除邮件，而是多花了几秒钟取消订阅。强调这个"不"的感觉真好，就像堵住了一个能源泄漏源。

你的能量漏点在哪里？怎样才能堵住它们？

6. 学会拒绝

如果你不知道自己的重点、重心在哪儿，你就无法做出自己想做出的贡献。当我们清楚了解自己想要什么时，说"不"就容易多了（见第四章中的"100%赞同"小节）。

在我们赞同某些事的时候，我们就会自动地对其他事情说

"不"（因为我们不是有无限能力的女超人，记住！）。

我们也可以从另一个角度想。我们在说"不"时，实际上是在对自己想要的东西说"好"。因此，拒绝其实是在为你、你的梦想以及你想做出的贡献服务。我们其实在学习尊重时间，学习说："不，我们必须做另一件事情（我们的变革工作，我们对自身的快乐和幸福的关注），所以没时间做你说的这件事。"

你不只是对别人优先考虑的事或机会说"不"，你是对自己的变革工作说"是"。你是在对早睡早起和你需要的睡眠说"是"，这样你就能做好第二天的工作。

你在对建立自己的梦想、做出自己想做的贡献说"是"。你在对无效社交说"不"，对自己已经拥有的、想要滋养和享受的关系说"好"。

> 不要再试图在所有事情上都得到 A+，而是要做对自己来说最好的工作。

这种重构可以帮助我们在面对别人的请求时拒绝得更容易一些。这也是关于我们对自己的期望。认识到到底是什么在驱动着自己内心的自我贬低了吗？我们不是善于说"不"的人，所以我们内心的批评者会发出吱吱声。拒绝需要练习！

> 💡 **优雅拒绝的方法**
>
> "非常感谢您给我这个机会……但这不适合我。我可以推荐……"（这是一个举荐他人的绝佳机会，参见第七章）。
>
> "我目前有其他更重要的项目要忙。"
>
> "……之后再来找我吧。"
>
> "非常感谢您想着我。"
>
> "非常感谢您考虑到我。"
>
> "这次我要先拒绝，但下次如果有机会……"（除非你自己不想拒绝！）

同样，底线和自己抗拒的东西都是可以改变的！它们不是固定不变的，随着你人生各个阶段的转换，它们会发生变化。

回到我的月度审查标准：影响、快乐和金钱。当我得到新的东西时，如客户工作、合作、演讲活动等，我会用该标准来衡量自己的底线。这还是有差别的，对吧？

有些事情可能不怎么能带来金钱收益，但如果能给我带来很多乐趣、影响力也不错，我也会考虑。有些事情可能没什么意思，但如果它具有中高级的影响力和高收益，我也会考虑。但我不能事事都以某两种情况为标准，因为那样的话，要么我赚不到足够的钱支付账单，要么我将耗尽全部的精力都用来工作。

7. 寻求帮助——众人拾柴火焰高

让我们在需要得到他人帮助时，坦诚相告。当女性领导者（经常）被问到"你是怎么做到的，你是怎么兼顾这一切的"时，她们会说"我是个做事很有条理的人"。而实际上她们是得到了保姆、清洁工、管家等人员的帮助，她们在撒谎。既保持"女性可以拥有一切"的神秘感，又保持着"理想工作者"的神话，即可以一直工作，不受打扰，这些对一般女性来说是难以实现的。如果我们的现实生活不够完美，我们会觉得自己很失败，而实际上我们是普通的正常人。没有人会问年长的男性他们是如何应付这一切的，因为人们知道他们并不是什么都做，他们的生活中有其他人在处理家务、情感和脑力劳动问题。

我们需要知道自己所追求的事情需要付出的代价，我们也需要诚实地承认，这需要大家的共同努力！

说实话，当我们遇到理发师、治疗师、清洁工、行政助理时，我们会寻求帮助，并从中受益！这是对这些角色的重视（在我们的社会中，这些角色往往被贬低，而且报酬很低），它诚实地反映了要想提升自身变革性领导能力，我们真正需要些什么。

"在生活的方方面面，当我需要帮助的时候，我都会寻求帮助。这就是我的超能力。"（劳伦·柯里）

💡 **示例**　保持界限，寻求帮助，以及集众人之力

当我们看到其他女性的生活（甚至是我们自己生活的早期阶段）时，很容易会将其与自己的人生进行比较，进而变得绝望。

我从育儿中获得的经验是，要在每个不同的阶段，转变自己的能力。我之所以能在我职业生涯的每个阶段，都做自己想做的事情，很大程度上要感谢孩子们的配合和爱人的支持。

我试着回忆不同的阶段，不同的戏剧性事件、压力、紧张程度。直到孩子们长大一些，我才开始尝试拓宽自己的业务。带着小孩子自己创业的压力很大。受新型冠状病毒肺炎疫情影响，我的两个孩子最近都休假在家，导致我的工作日简直一团糟！

没有必要进行比较；你还不算太老，时间还很充足。每个人都在处理幕后的事情，其中大部分我们都不知道，所以不要评头论足，这对我们自己更有好处。按照自己的节奏走，直面自己所处的阶段，享受这段旅程。

注意你在这里的内心对话。这个故事给你带来了什么？你注意到自己对我这个给你讲这个故事的女人做出了怎样的判断？你的回应是？

这是另一个慢慢来的机会，留意内心的自我批评，让内在智

慧与自己对话。

本章小结

在第五章中，我们已经从变革性工作的大局，进入了细节的构建。在这一章我们介绍了很多实现梦想的方法，让你的梦想变得不同！

我们已经讨论了如何做才能保持动力，寻找心流，拒绝拖延，分批处理，以及使用"自夸"的方式来支持自身的进展。我们讨论了设定界限，你的"是"如何影响你的"否"，以及如何寻求帮助。

在第六章中，我们将在目前为止所做的内在和个人变革工作的基础上，深入到外在和系统变革的工作中。

💡 **复习 反思点**

这一章对你来说最重要的是什么？

你将如何开始跟踪你的目标进展？

你将允许自己做些什么？

💡 **变革进度 + 行动记录表**

这就是我正在尝试的（我为有所作为而采取的行动）。

这是我注意到的。

以下是我打算用我所学到的东西去做的事情。

这是我坚持下去的方法。

这是我将继续负责的方式。

💡 **自我肯定**

"我专注于实现自己的目标和梦想。"

"我将采取鼓舞人心的行动。"

"我相信自己生命中的时机。"

"我拥有支撑自身目标和梦想所需要的一切。"

"我找到了意愿、帮助和支持。"

"现在是我的时代，我已经准备好迈出下一步。"

"我现在所拥有的足以让我顺利进入下一个阶段。"

"我为自己取得的进步喝彩。"

"我认识到……"

"我要辞旧迎新。"

访谈录

爱丽丝·奥林斯（Alice Olins）是向上俱乐部（Step Up Club）的创始人，也是女性主义的倡导者和支持者。拥有新闻专业背景的她在 2016 年转业并撰写了一本针对女性及女性职业的手册。现在，该公司蓬勃发展的业务包括在线会员、1-2-1教练业务、企业研讨会和异常火热的俱乐部学习项目。爱丽丝是《红色》（*Red*）杂志的职业专栏作家，她即将重新推出她高居榜首的"成功革命"（*The Success Revolution*）播客。

爱丽丝同我谈及了她的个人目标、韧性，以及她对合作的重视。

我是一个变革者，因为我不接受女性在工作场合和自我认知方面的现状。我热衷于帮助女性同胞认清自我，发掘她们的激情，帮助她们勇敢表达和沟通自身需求，无论她们的职业或生活选择如何，都能获得尊重。

随着时间的推移我的目标、激情和选择的道路在不断变化，我意识到自己有发言权、知识和能力帮助女性更积极地看待自己。

我发展出一种个人品格，即诚实，一种只有经历过极度创伤的事情才会收获的真理，但最终会让你以一种其他人可能无法企及的最谦逊的方式，以一种共鸣和权威的方式说话。这不是吹牛，这是事实。

（1）关于韧性。我们都有比自己想象的更强的韧性，但这并不意味着当遇到困难时，"找到"它就不是一件难事。抗压是一个过程，而不是一种个性特征，所以我们可以学习如何在自己的内心深处发展它。不过，关键是在遇到那些困难的时候相信它，因为那是最容易否定自己的力量的时候。在生活中，保持韧性很重要，这样当你失败，再重新开始的时候，你就拥有更丰富的经历，也会有更多的知识可以分享。

管理内心的声音，记住并依靠自身的支撑网。充足的休息对我也有很大的帮助。

（1）**关于合作**。合作的价值是无限的！我有很多合作者，他们让我的思想保持活力，帮助我以不同的方式思考，给我勇气去尝试自己之前不敢尝试的事情。一般来说，他们的帮助通常会满足我内心的需求，如果这些事情全需要我一个人独自思考，那我的能量很快就会枯竭。

我很幸运，能够自己创建一个社区，可以做到以上所有的事情，所以从专业角度来说，我每天都通过不断**进阶**得到支持和启发。就我个人而言，我花了很多精力和热情维系友谊和家庭关系，因为人与人之间的交往，是我最看重的事情。

（2）**在工作中克服偏见、阻碍和反对**。作为女性，我有被他人贬低的经历，这让我感到自卑。所以在其他女性面前，我有充分的发言权。

我们都一样，每天面临着内部和外部的障碍和偏见。我想再次强调，透明度能让我尽可能舒服地承担偏见带来的风险，并能够进行我需要的对话，以帮助我了解发生了什么以及为什么会发生。

访谈录

浅野庆子（Keiko Asano）是蒙特公司（Munters）的董事总经理，也是蒙特公司的第一位女性董事。同时她还是一位母亲，也是东京创新大学的多样性客座教授。

庆子同我讲了讲她是如何在自己的变革性领导中保持韧性和驾驭反对声的。

我是一个变革者，女性有很强的为社会做贡献的能力。我的目的是帮助女性改变她们的观念，让她们相信一切皆有可能。作为公司的领导者，我相信做出这种改变会带来利润，不仅能赚钱，还能给人带来满足感。当我看到女性放弃进步时，我的心都碎了。

（1）**关于韧性。**人们在经历了错误和随之而来的认识之后，才会有韧性。人们从一个危机中走出来，紧接着就会撞上下一堵"墙"。具有韧性，才能在生活中生存。我们能学习和成长的程度就是我们获利的程度！

（2）**关于找到自己的变革目标。**找到你所做的贡献，对你来说独特在哪儿。我会向其他女性强调，她们对我们的事业非常重要。

（3）**关于榜样。**我的一位瑞典朋友是我的榜样。她虽然离开了公司，但总愿意花时间听我的想法，她总会问我："你觉得怎么样？你为什么这么认为？你想做什么？"我的另一位榜样是日本一家大公司的董事会成员。她成为董事会成员的同时，我被任命为日本蒙特公司的总经理。我和她讨论某些事情，从她对人们的感受、在人前的表现、和人的谈话中学习。

　　我得到了很多朋友们的支持，尤其是女性朋友。如果我能通过这种支持获得更多提升，那将是一个千载难逢的机会。我的支持者不会告诉我该做什么，她们总是问我，所以我总是在思考寻找答案。这个"运动绳"能够帮我更上一层楼！

　　（4）关于如何克服工作中的障碍和偏见？ 我仍然在探索的过程中。我的同事们并没有都意识到他们（也许包括我自己）有障碍和偏见。我正在寻找能打开他们理解之门的语言。为了更好地实现性别平等，我设立了新的女性专属的经理职位。当然，每个人都有权利争取这些职位，但我还是倾向于优先考虑女性申请者。

　　（5）关于如何应对反对声？ 任何时候、无论在哪儿，你都能听到反对的声音！我会努力展示自己推进变革的原因，我会试着从其他角度切入，也会尝试其他的措辞。我会向人们解释这种改变是有好处的，这样他们就会逐渐跟上变化。

第六章

破除变革屏障"你以为自己是谁?!"

对于那些习惯拥有特权的人来说,平等可能会让他们感觉自己像是受到了压迫。

这一章讲的是我们如何在自己所处的系统中自处,我们是选择加入、还是退出,以及我们如何持续前进。如果我们想要在变革过程中实现从当前状态转变到我们想要的状态,对我们所处的系统及其影响的认识是至关重要的。否则,我们就会很容易忽视大多数女性和其他身份被边缘化的人,他们在职场以及在世界各地活动时经历了各种微妙的促成因素和阻碍因素。这导致了贬低、否认和指责受害者行为,会对我们的心理健康产生负面影响。

我们将了解偏见如何创造一个无形的层级,进而生成阻碍;以及如何建立心理防线,成为一个更公平的领导者。我们将在本章中讨论微歧视和特权、逆风和顺风、如何克服偏见、与同事的交往中该做什么不该做什么、"并非全部"、旁观者主义，以及意图和影响之间的区别等内容。

本章介绍如何提升我们的系统意识，本章与前几章介绍的如何提升个人意识的章节相结合，对我们成为变革者和变革领导者具有重大意义。

在第一章中，我们探讨了思维性错误以及大脑的威胁反应是如何导致偏见的。我建议，要想创造更公平的职场，我们就需要擅于重置我们的中枢神经系统，有意识地培养自身的成长型思维。阅读和完成这一章的练习，对你来说会是一场挑战，甚至可能会引发威胁反应，所以这是一个练习的好机会！

戴上"眼镜"

偏见在所有的职场、所有的人类系统中都存在。你还记得第一章里的杰西吗？我们是如何在假设、偏见和社会条件的基础上，创造了一个关于她的故事和叙述？这就是我们大脑的运作方式，我们都是这样做的，这也是我们的社会形成内群体和外群体的方法。

这些偏见创造了关于"这里做事的方式"的期望系统，这些系统被习以为常地应用在职场和社会文化之中。偏见在每个系统中都有。当它不受控制时，就会产生障碍和排斥，出现微观（和宏观）的侵略，破坏公平和包容。

这是一对看世界的镜片。我在这里邀请你戴上眼镜，一旦你看到了偏见，你就再也无法装作视而不见了！

我们可以将我们所受的压迫内化，也就是我们开始相信并接受错误的信息、流言和刻板印象等是不可避免的，然后我们将压迫转向我们群体中的其他人，而不是想办法摧毁这个体系本身。例如，当我们评判和诋毁其他女性时，就是在做男权下的工作。

我们身份的交叉（详见第二章）也影响我们的生活经历，以及我们如何在世界各地移动。我们的偏见与自身经历相关，但却超越了个人经历。种族主义、性别歧视、残疾歧视（以及其他压迫制度）在整个社会内部的人际、系统和组织上发挥作用。言行组织（Deeds and Words）的负责人卡罗琳·埃利斯（Caroline Ellis）向我提到了一些她对组织内部偏见的看法：

> 从 20 世纪 80 年代开始，我在一些运动中的志愿者经验、工作经验，影响了我在社区、组织内部推进积极变革的方法。所有少数群体、社区对个人的负面和刻板印象都让我心碎，因为这些刻板印象已经嵌入我们生活和工作的每个机构、全部系统当中。

> 💡 **练习** **职场偏见检查：第一部分**
>
> 想想你的职场是谁设计的？
>
> 它是为谁设计的？
>
> 它为谁服务？
>
> 谁的需求要被优先考虑？
>
> 又是谁的需求会被忽略？

职场中普遍存在的信念和偏见，以及它们影响我们的方式

在我对变革者的采访中，出现了许多关于偏见的例子和经历，我在下面列出了一些。

亲和力偏见

我们会被和自己相似的人吸引，这是"喜欢和懒惰"的偏见。亲和力可以通过共同的价值观、信仰、爱好、兴趣和经历来建立。亲和力偏见使人们能够建立融洽的关系，建立联系，促成事情完成！但如果对其完全不加以控制，它也会排斥和创造强大的内群体和外群体文化。

作为一名长相年轻的女性，我曾遭遇过偏见，尤其是在我职业生涯的早期，这导致我错过了很多机会，让我的能力受到怀疑，客户要求见经验不足但看起来年长的男性同事。

在会议上，我直接被那些男性联合创始人们一起忽视了。并且我会遇到那些让我平衡家庭和工作的负面反馈。

从众偏见

我们会找到那些表示权力的社会标记，努力"适应"，顺从领导者和他们的行为愿望。从众偏见帮助组织能够正常运作，让领导者做出、执行决策，但它也可能导致"集体决策"，过度依赖领导者，缺乏挑战的勇气。由于缺乏团队成员不同的观点，新的想法在讨论和挑战中不太容易出现，也不太容易被提炼出来。随着时间的推移，这影响了原创性和创新，扼杀了组织的成长和绩效。从众偏见会导致出现友好文化（我建议我们要做到善良，而不是友善），并且往往出现那些"无法撼动的人"（尤其是那些掌握权力，其不良行为会得到宽恕和容忍的人）。

难以相处的掌权者，自以为在拯救世界，却因为自己的盲区而深陷恶行漩涡。

我在一个分级明显、以中年男性为主的公司工作。所以很清楚自己什么时候该打什么仗。但可悲的是，当你孤军奋战时，什么都不说，有时会更安全。

性别偏见在我的工作中是真实存在的，人们会对男性抱着更高的期望，而对女性却少有期望。所以我的很多资深女同事刚刚都请了病假，在一个绝不容忍"缺乏竞争力"的机构中，这是唯一的"脱身"方式。

评价偏见

在职场中，人们会对女性要求更高，她们往往会受到更严厉的评判。

你必须认真进行自我审视，因为这会影响人们对你的看法。

说一些人们不想听的东西，他们在利用我的女性身份来贬低我的发言。

中国企业家、商界领袖龙江华（Ranee Long）分享了她遭受偏见的经历：

在我的工作中，有很多障碍和偏见在作祟。例如，别人会认为我没有赚更多钱的野心，所以无法在事业上取得更大的成就。我是如何解决的呢？我试图通过利用我在建立人际关系、合作、获取信任方面的优势，通过专业的态度，通过向他们展示成功的不同视角，包括工作与生活的平衡和幸福，来成为自己的领导者和他人的影响者。

双重约束或受欢迎程度惩罚

那些表现出男性化领导特质的女性，比如自信和发号施令，会被认为是有能力的，但不太受欢迎。如果女性不为自己发声，她们就不会被重视，却更有可能被喜欢。

我亲身感受过对美国人的偏见，以及对女性行为的刻板印象，比如"专横""难以接近"（因为自信、优雅、成功）、

"好斗"。这些表现对男性来说基本上被认为是领导力的特征。与我的爱人讨论这个问题对我很有帮助，他是一个亚洲人，能够更好地帮我理解偏见和歧视，在他的眼中我是一名强大、有能力的领导者。

这是一个棘手的平衡问题。绝对要有能力（要出色！要有雄心壮志！要闪亮登场！），同时还要维持较高的人气。这意味着要有额外的热情、微笑，注意这可能会挫伤我们的自尊心。

后来我慢慢意识到，这是其他人的问题，这并不是对我或我的能力的真实反映，我已经纠正了自己"所有事情拿最高的标准来要求、证明自己"的错误观念。

独一无二

这是一种信念，认为"顶端"没有足够的空间、"只能有一个"，这是由我们文化中盛行的缺乏或稀缺心态所驱动的。如果我相信这个位置是唯一的，可能会过度激发我的竞争心理并给我带来更多动力。这是一种分而治之的方法，培养竞争意识，被认为是为了推动业绩和责任心，但实际上通常只是奖励那些"符合"特定职场文化规范的人，维持谁掌权、什么身份得到奖励的现状。这种偏见是一种吹捧现状的人群的"表面文章"，而不是为每个人敞开的人才管道和组织机会。

成为"唯一"也可能会给你带来不小的压力，因为你需要在工作中以某种方式展现自己的身份。男性被允许是独立的个体，他们不会被大众期望以某种方式代表整个群体。

我是一名在一个以男性为主的行业中工作的女性，是为数不多的女性之一，同时也是一名单亲妈妈。对我来说，我要做的就是不要隐藏我的差异，要拥抱它们。如果别人不喜欢，那就随他们去吧。

精英主义

精英主义即不相信特权，推崇平等的竞争环境，相信唯有努力工作才能成功。而这一信念否认了不平等或系统性不公正事实的存在。

💡 **练习 职场偏见检查：第二部分**

从这些描述中，你在自己身上或者工作场所中发现了哪些偏见？

这些偏见产生的影响是什么？

你在工作中经历过哪些？影响是什么？

通过这个具有挑战性的阅读，我们可以更轻易地发现偏见，以及它是如何在别人身上，或在我们周围的环境中发挥作用的。我们发现锁定自身偏见很难，也就是确认性偏见！注意你在这里出现的想法和感觉。使用我们在第一章和第二章中介绍的力量练习，关注自己内心的想法。

偏见的暗示在发挥作用

偏见是一种无形的力量，造成阻碍和限制，带来障碍、阻挠和微歧视。而一旦偏见在职场盛行，就会阻碍员工的发展，降低职场的安全性、吸引力和激励性。研究表明，偏见对士气、归属感和参与度、留任、晋升、人才发展、领导角色的平衡和组合、组织创新、风险承担以及最终的组织绩效等都会带来负面影响。

研究告诉我们，那些让员工感到心理安全和包容度高的企业最成功（拥有最高的营业利润、更低的风险、最好的创新等指标）。心理安全是一种联系和归属感，即我不会因为做自己而受到惩罚，而不是为了适应而进行"自我重塑"。

职场偏见盛行的地方，会让人在心理上感到非常不安全。例如，有强烈亲和力偏见的职场会让那些不适应主流文化群体或"人群"的人在心理上感到非常不安全。在有强烈从众偏见的团队中，在心理上表现出与众不同或提出任何主流"趋同思维"之外的观点会让人感到非常不安全。因为"太强势""太自信"或"太软弱"而受到惩罚的女性、被贴上"愤怒的女性"标签的女性，会觉得自己无法自由地去工作。对那些持有与多数人文化不同的观点的人进行微攻击的职场，对每个人来说都是有害的。

我已经掌握了驾驭自身所处空间的艺术。很快就能判断出自己是否"安全"，哪类人是我的支持网，什么是有效的，什么是无效的，以及我如何保护自己。我在试图尽可能地保持开放的同时，也对可能出现的情况保持高度警惕和准备。

戴上眼镜，不要摘下来

现在你已经戴上了眼镜，你会看到偏见的影响越来越大！看看你开始注意到了什么。

💡 **练习** 职场偏见检查：第三部分

环顾你的职场。

性别平衡是什么？不同层级（例如，入门级、研究生级、管理层、高级管理人员、执行领导团队、董事会）情况如何？

残疾人（隐藏或可见的残疾）是否能够进入你所在的机构，然后茁壮成长并取得成功？

在你的职场中，所有性取向、性别和装扮的人都能自在地做自己吗？

你们公司的性别薪酬差距是多少？

你还需要注意，自己是否能立即知道这些问题的答案，这些数据和知识对你来说是否是可访问和透明的。

接下来你可以进行哪些对话？能帮助你提高什么意识？有你想要参与的变革吗？

让我们在这里再增加一个层面，我们来谈谈微歧视。

微歧视

微歧视指的是针对某人的差异点的细小的歧视行为，如针对年龄、性行为或性别表达、残疾等。微歧视暴露了我们的偏见。它们被深深嵌入社会中。作为微歧视者，你可能没有意识到自己的歧视行为，它们可能看起来无关紧要，或者在你的盲点上。

你可以把每一次微歧视想象成被纸划伤，看似微不足道，但想象一下它们一天发生多次，每天被纸划伤 1000 次也会受伤。研究表明，这会对个人造成相当大的心理伤害，同时也会影响团队的心理安全、职场的留存率和工作表现。

我经常会受到他人的微歧视。我也曾试着反抗，但却没有任何改变。我会一直待到自己觉得非常不舒服的时候再离开。我会在下一个工作场所受到欢迎，然后可能会再次经历这种排斥。这就是模式。

职场上的"微歧视"包括很多方面，比如问"你有多少年工作经验"这种带有贬损某人贡献时间的问题；问"你是哪儿的人？"反复念错某人的名字；无视某个女性做某事的要求，直到有男性介入；开针对女性的玩笑；即使对方能听到你的声音，也要让你再大点儿声说话；在有不同性别的小组中只与男性进行眼神交流；在说话中途打断某人；评论某人的口才好坏；更多回答男性提出的问题；继续对某人进行错误定性；等等。

你经常在活动中被忽略（尤其是在社交活动中），好像你没有提供任何有价值的贡献。

给你分配的都是那种很小的任务，几乎得不到什么发展机会。

微歧视是我离开房地产公司的一个重要原因。在几百人的大楼里做唯一的黑人也不好玩；即使在潜意识里，它也会让你永远对被接纳感恩戴德。类似的偏见还存在于科技领域，但在科技领域我至少不需要贬低自己或感恩戴德，我可以知道自己是一项资产，而不是一种摆设，不需要来回进行自我转换，因此我可以做完全的自己，这包括与首席执行官进行坦诚的对话。

💡 **练习** 职场偏见检查：第四部分

你的职场中存在哪些微歧视行为？在你的团队中呢？

你什么时候有过被微歧视的经历？或者看到它们发生？

你扮演了怎样的角色？

你自己有没有过不小心冒犯到他人的行为？

你如何应对微歧视？这种事发生在你身上，还是你观察到的？

现在你知道了，自己可以做得更好！那么这周你将如何做得更好？

下面我们将谈论应对微歧视的方法。

下面让我们来聊一聊特权

特权是不劳而获的优势、利益、权利、偏爱或特殊机会，由拥有特定权力或占多数的群体体验和获得，特权不属于边缘化的群体。

回想一下第二章中的交叉性地图，并使用下面的反思点来考虑你的特权，这个思考练习对不同人来说具有细微的差别，要根据自己的个人情况和背景回答。

💡 **反思点**

你拥有什么特权？

你身份的哪些方面给了你特权？

你身份的哪些方面给你制造了麻烦和障碍？

这会对你的生活产生怎样的影响？

你如何看待自己的特权？留意自己的感受，不要评判。

_____

_____

为进一步了解特权问题，我们来做一个逆风和顺风的类比。

同我一起想象一下。你身体健全，准备去海边跑步。你沿着海滨步道小跑，身后微风阵阵，是顺着跑步方向的顺风。你感觉如何？是不是感觉自己好像跑得特别轻松？

现在你调转方向，从另一条道往回跑，逆风而行。现在又感觉如何？逆风对跑步有什么影响？此时你的感受如何？是否感觉跑步少了一些乐趣？是否觉得自己跑得更加艰难？

当我们顺风而跑时，往往能体会到跑步带来的美妙体验！而实际上，只不过是顺风给我们带来了额外的动力、推进和力量。这使我们相信自己跑步非常厉害，甚至可以在比赛中获胜，我们因此享受到跑步的乐趣。

而当我们逆风而行时，往往会遭遇无形的阻力。跑步变得愈发艰难，我们会更快感到疲倦。我们可能会因此认为自己事实上并不擅长跑步，在比赛中不能取胜，跑步无法让我们感到欢欣鼓舞。我们可以联想一下我们在本章前面谈到的内在压迫，以及在第一章探讨的信念系统的运作。

就我们当前的讨论而言，逆风是指那些无形的偏见带给我们阻力和障碍。顺风是指我们拥有的各种身份，让他人能够通过指导、支持、培训，提供专业知识、权限等方式，为我们提供机会和方法，进而支撑我们进行"出色表现"。在我们的生活和职场中，获得这种帮助和支持的方式很多。

在此需要说明的是，我们是处于逆风还是顺风与我们自己无关——并非是由我们自己创造，也并非我们"理应获得"。

使用以下反思点来回顾你的逆风和顺风体验。

💡 **反思点**

你经历过哪些逆风或障碍？

你经历过哪些顺风或助力？

_____

_____

大部分人都会同时经历上述两种不同的体验！我们由于自己拥有的某些身份或者在某些情形下会体验到特权和顺风的好处，而在其他方面会遭遇逆风的阻力。在此有一些细微之处值得注意。由于我是女性，或者有时候由于年纪尚轻，我会遭遇逆风。

逆风和顺风现象如何帮助我们了解自己的特权？

我们思维的负面偏见（见第一章）让我们不当放大自己面临的障碍，同时忽略自己所享有的优势。我们认为自己所面临的困难比起他人更为具体。由于对困难的过度关注，我们忽略了自己所获得的机会。我们忽视优势和好运的作用，并真切地回忆自己经历的各种磨难。而我们对其他人的态度又刚好相反：我们淡化或忽视他人遭遇的逆风，并质疑他人因面临逆风而想要营造公平环境的举措。

面对与我们共事的其他人，我们意识不到他们可能正在经历逆风。我们往往会心里想（甚至大声说出来），为什么他们没有取得和我一样的成就？我们从事的是同一项工作！一定是他们自己的问题！这种思维进一步强化了我们已有的偏见。

精英管理的逻辑适合那些拥有特权和权力的人：依据这一逻辑，任何人如果不能获得"成功"，便是因为其"工作不够努力"，而这一逻辑回避任何变革系统的责任和义务。如果我们从顺风中受益，并且没有意识到逆风，那么我们当然将全力以赴地维系我们从中获益的权力系统。拒绝承认逆风和顺风的存在对我们是有好处的！这就是为什么我们往往会选择维护和延续有益于我们的系统，而不是选择破坏或瓦解这一系统的原因。

特权会进一步滋生新的特权。例如，你得以进入某大学的某学院，从而能够与大学研究员一起开会，然后你能够与 X 交谈，他将你介绍给了 Y，Y 给你提供了实习机会，在实习过程中你认识了 A，A 指导你，并为你介绍了在 Z 机构的第一份工作。如果你不认为精英管理中有特权的存在，那么你会认为你的成功得益于自己的努力。当然，你自己可能确实非常努力，不过这不是你成功的唯一原因。除此之外，代际财富的影响也是滋生特权的另一种方式。

另外,还有性别差异。男性倾向于将自己在职场中的出色表现归因于自己的优秀,即自己的内在特质,而不会意识到自己在职场上享受的顺风。相反,女性则倾向于将自己的成功归结于外部环境因素,比如由于好看的发型带来的自信,由于团队的努力,或者单纯由于运气。

共建一个对所有人都公平公正的新系统,从系统层面体现公平和正义,需要我们放弃一部分自己拥有的特权。记住,如果我们是系统中的特权群体,那么破除这个不公正的系统便是我们自己的职责——我们有责任在自身能力范围内发现偏见、制止偏见、消除微歧视,并呼吁其他掌握权力的人共同致力于这一事业,而不是由受压迫者来召集他人并告知他人自己的诉求。

自我检视

本书除了提醒读者系统的存在,还希望启发读者开始思考自己在系统中的角色,以及系统对自己的影响,并进一步思考应当如何在系统中生存。本书旨在论述变革者应当具备的韧性、幸福感和可持续性。希望大家能以良好的状态参与变革工作,意识到亟待改变的问题,不袖手旁观,而是为凿开阻碍之墙贡献一己之力!韧性和健康对于变革工作至关重要。

读完本章之后你有什么感受?现在休息一下,喝点水、吃点小食、呼吸、重置你的中枢神经系统，检视自己的内心对话，看看能有什么发现。

你或许仍然感到内心充满疑虑，下面我将为你一一解答。

"如果我不曾察觉到偏见怎么办？"

在我接触的不同客户群体中，总会有人对偏见这一话题感到陌生，他们不曾觉察偏见，不曾经历偏见，也不曾注意到身边的偏见现象。

你呢？你对这一话题感到陌生吗？

在职场和社会生活中，如果你没能注意到偏见，也没能察觉偏见已经影响到自己的生活，那么可能是因为你本身便属于特权人群。那么现在你只需观察，无须评判！

我们去听一听别人的故事（比如上文举过的例子）。无论你从事何种领域的工作，都能听到一些故事，让你了解偏见的存在、权力的不对等、权力不对等的后果、人们是否经历微歧视，以及我们是否已经创建这样一个环境，在这个环境中，没有偏见，有的只是心理安全感；在这个环境中，员工的表现、士气、工作意愿高涨，所有员工得到充分发展。现在请保持好奇、用心聆听、保持谦逊，看看我们可以通过他人的经历学习到什么。

请看以下的统计数据。在此我做了一些筛选，精选后的数据能够帮助我们在一定程度上认识到职场障碍的存在，了解这些障碍对改进领导力补给线有何种帮助，什么人能担任高级职位，以及什么人在组织结构中拥有权限或权力。就每一个例子而言，在统计数据的背后，都是值得深思的问题！

💡 **示例**

在富时 100 强企业（FTSE 100）排行榜中，女性企业家所占的比例为 38%；在富时 250 企业排行榜中，这一比例为 35%。

而在 2020 年，富时 100 强企业中女性 CEO 人数仅为 8%；富时 250 排行榜中这一比例为 3.6%。

在英国，名字叫戴夫（Dave）的男性人数多于女性基金从业者的总人数。

尽管总体来看，由性别差异导致的薪酬差异略有减小，据估计，要完全实现男女同酬可能还需要 60 年的时间。而在全球范围内实现男女同酬所需要的时间从先前估算的 99.5 年上升到了目前的 135.6 年。

根据上述报告，富时 100 强企业残疾雇员比例为 3.2%；而相比之下，残疾人口在英国总人口中所占的比例高达 18%。

在了解以上统计数据之后，你可以深入观察自己所处的职场，观察非特权人群所占的比例，以及他们的收入水平、生活体验。

你会有更为深刻的发现！你可以运用以下反思点进行思考。

> 💡 **反思点**
>
> 在以上有关偏见的故事中：
>
> 哪些你感觉熟悉？你经历过或者见证过哪些情形？
>
> 如果你觉得以上情况离你"很远"，那么你知道谁可能经历过上述遭遇吗？你的员工？你的团队成员？你的同事？你的家人？或者你的邻居？
>
> 注意上述统计数据反应的是真实人群的真实生活。
>
> 思考上述情形对亲历者施展自己的才能有什么影响，给他们带来什么样的痛苦，对充分发挥他们的潜力有什么影响？企业和社会能够怎样通过创新和变革改变这一情况？
>
> 这些情形对我们对于人性共同性的认识有什么影响？
>
> 在反思过程中，你感受到了什么样的情绪？
>
> 只需观察，无须评判。
>
> _____
>
> _____

让我们继续探讨你的相关质疑

"我们做得很好，我们的做法无可挑剔，我们没有丝毫问题。"

如果你的总体感觉是偏见问题已经有所改观，这是极好的。但是我们应该做的是去进一步分析其细微之处，聆听非主流文化身份群体的生活经历。我们需要让自己的认识超越大众观感的层面。

"至少在我身边没有这种现象，在我负责的领域也没有这种现象！"

每当我刚刚介绍完偏见和微歧视在某职场领域的存在，都会有这个领域中的众多中年男性高管对我如是说。我认为他们所表现出的抵抗和防御非常正常，并且也符合人类特性。这并不关乎正误，因为每个人都持有偏见。然而不管是你们，还是我自己，想要意识到自己的偏见，都需要谦逊、需要勇气，需要一面自我检视的镜子。那么现在让我们深呼吸一下，承认在自己所在的职场，偏见现象是极可能存在的，只不过是我们没有意识到而已。

"但是我个人并未经历过偏见或歧视，我也从来没有遭受过微歧视。"

如果你没有经历过我们讨论的任何偏见或微歧视，那说明你本身便属于特权群体。请注意，对此你可能会表现出抗拒、防御或否认。

是的，也许你是女性，但你并没有明显地经历过偏见——这是因为你所持有的身份让你得以融入主流职场文化，这也是你自身特权的表现。那么，请检视一下自己的基本信念。你是否认为其他女性不如自己有才能，或者其他女性不如自己努力？这里也存在我们上文中提到的逆风和顺风现象。

在你阅读到有关微歧视的内容时，留意一下你的内心对话，它可能在说："这不会发生在我的身上，因此这不是真的。"要认识到没有亲身经历过的事情并不意味着别人就不会经历，这需要谦逊的心态。在本书中，我希望大家获得能够在不对自己生活造成直接影响的方面进行变革的领导能力。我希望大家以更广阔的视角，观察和了解职场与社会中的各种系统和结构。我希望大家敞开心扉，聆听他人的故事。要意识到自身所拥有的特权，需要直面自我的勇气和谦卑的心态，然而只要做到了这一点，便会提升我们的同情心、谦逊度和同理心。

"并非所有的人……"

男性用"并非所有的男性"来回应针对女性的暴力事件。这是一种有意将自己与"那些人""坏人""性别歧视者"或"女性贬抑者"相区分的行为。这是一种否认，是轻视、回避的一种形式，也是将他人经历最小化的一种方式。我们都知道并非所有男性都会对女性施暴。

那么我们现在来聚焦有关系统的讨论。

问题不在于男人，而在于男权主义。

克服个体心理防御机制，认识压迫性系统的存在。[鲁奇

卡·图利什扬（Ruchika Tulshyan）]

针对女性的暴力文化始于允许和容忍那些看似"无害"的玩笑、贬抑女性的言语和不断升级的微歧视。我们可以再一次认为这样的系统"并不存在"（这也是减轻我们自我责任的一种方式），而实际上这样的系统是"存在的"，它是我们遨游的海洋，是我们呼吸的空气，是我们习以为常的条件反射。

一方面，上述讨论并不针对某一个人（因此你无须表现出防御）。而另一方面，这又关乎每一个人——因为我们都能够为改变这一现象尽一己之力！正如我们在全书中反复提到的那样，我们是很强大的，而致力于改变偏见，正是我们个人力量的用武之地。我们身处系统之中，系统影响着我们每一个人。我们选择忘却自己的性别歧视（以及年龄歧视、能力歧视等），并重新学习。我们选择站立于阻碍之墙上，着手开凿！

吉娜·马丁（Gina Martin）指出，男性群体与其极力辩称"并非所有的男性"，不如利用消耗在辩论中的精力，来抵制暴力的和贬抑女性的文化。

作为变革者，我们应该如何理解上述情形？我们能够做些什么？

变革的意识和意向是关键所在。乔·格斯坦德（Joe

Gerstandt）指出，"不有意地、主动地包容，便是无意中排斥"。

在我看来，摒除偏见并与受偏见对象"结盟"，并非一次性的行为，也不在于我们成为"盟友"这一结果。"结盟"是一个动词，是一个持续的过程。我们并非仅声称自己作为盟友（让别人知道我们是盟友），而是要成为盟友，并采取行动表达我们与对方的团结。"从特权到进步"运动（Privilege to Progress）联合创始人对我很有启发，"从特权到进步"运动是在美国发起的一项旨在消除种族和种族主义公开对话的全国性运动，其联合创始人使用"露面"这一词语来表示"以谦逊和团结的态度度过一生"。"露面"并非自吹自擂，也不是表演，而是一个不断学习与行动的过程，是"利用自身所拥有的特权来促进社会进步的行为"。

在本节中，我们将分析意图与后果的区别，介绍克服自我偏见的方式，探讨微歧视者应当如何摈弃偏见，探讨质疑他人的偏见的方法，以及思考自己拥有的变革力量。

意图与后果的区别

一旦我真正了解了意图与后果的区别，便拥有了令人兴奋并具有革命性的洞察力。

没有人有意成为年龄歧视者、能力歧视者或跨性别歧视者。我们并非故意想要通过微攻击来指责或欺凌他人。

尽管我们可能并没有上述意图，然而我们的行为却可能会造成某种后果。

我们原本的意图可能只是在工作中开个玩笑，营造一下轻松有趣的氛围，但是当他人成为玩笑的对象时，此人会感到受到伤害，而其他人会感到尴尬，因此并不会有人因此而开心。

我们观察到在领导、名人或公众人物因偏见问题而受到责难时，他们往往会做出防御性的反应，他们指责受害者，操纵受害者心理，推脱自己的责任。他们会说，"如果我让你感觉到了偏见，或者我伤害到了你的感情，我感到非常抱歉"。然而，这并非真正的道歉！

我们再次发现，行为意图与行为后果是有区别的——你很可能不是有意伤害他人，或者可能仅仅是出于无知而并非恶意或怨恨，才做出某些行为。然而，其后果仍然是有害的和具有破坏性的。这些细小行为的积累会产生巨大的伤害。

如何克服自我偏见

1. 警惕与自我教育。我们需要了解不同形式的偏见，并思考在自己的变革领导过程中，以什么方式、在什么时候出现了偏见。我们要对偏见出现的时间和引起偏见的触发点保持高度警惕，以便在决策和日常工作中减少偏见的发生。

2. 留意偏见的发生！花一些时间承认并留意偏见。

3. 挑战自己。试着问自己"真的吗？！"你还知道什么，有没有什么信息可以抵消你的偏见，或者说能否换一种方式来看待同一件事情？你问一位女性同事，问她是否会在孩子出生后考虑以兼职的方式工作（这种情况是非常常见的）。这时请停下来，检视一下自己，思考一下在这种想法的背后是怎样的思维？你会问一位即将成为父亲的男性同事同样的问题吗？

4. 寻找新的故事。 阅读残疾作家等群体的小说，寻找不同的声音与政治观点，如工人阶级的声音、跨性别者的声音。阅读以国家原住民群体生活为中心的历史，而不是以压迫者或殖民者角度撰写的历史。你获取的知识最初可能会与你业已习惯的观念发生冲突，而这才是重点！通过这样的冲突，我们的大脑得以接触到更为广泛的经验，形成新的神经通路、新的思维习惯与新的假设。

5 确立责任制度。 找个同伴。为自己的行为建立起责任机制。

这些措施旨在帮助我们唤起自我意识！在此我引用一下卡罗琳·埃利斯的话，她鼓励我们与他人对话，因为"**人类是如此复杂，我们需要彼此联系起来**"，才能"**消除彼此间破坏性的刻板印象**"。

"公开指控"与"私下纠正"——如果我自己就是微歧视者怎么办？

在举办有关培养包容性领导力和创设心理安全的工作空间的研讨会时，我们讨论的第一个问题便是"如何公开指控挑衅性行为?""如何指控自己的同伴?"。

我想首先邀你和我一起认识到自己的微歧视!我在否认者、被动接受者、共谋者和旁观者之间转换立场(图 6-1),我们需要更深入地认识、分析,并采取行动。

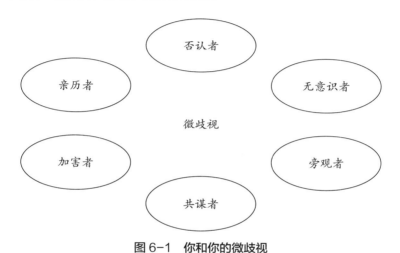

图 6-1　你和你的微歧视

在认识到自己是一位微歧视者时,体会一下自己内心的感受,宽恕自己,切勿沉迷于羞耻或内疚。给自己一个机会,让自己得以学习并改进,记住自己拥有成长型思维(见第二章)。意识到自己行为意图和行为后果之间的区别,表达歉意,并纠正自己。如果你已经对他人造成了伤害,那么请注意承认这一事实,并向对方道歉,不要只想到自己,以自己和自己的感受为中心。继续探索,保持好奇心,保持开放态度,不断地进行自我教育。

如果你已经准备好要对抗偏见，真正想要学习并成长为一位公正的领导者与变革者，那么你需要对偏见行为进行公开指控。此外，在已经建立足够信任和心理安全的情况下，积极营造与同事间的关系，以便同事对你的偏见行为进行私下纠正。而你对于同事指出的问题会做何反应，是一个关键的指标，这一指标将决定你的收获，以及你能否学习并成长为变革者、领导者并最终成为完整的人。现在便开始建立与维护这样的关系，持续开发自己的成长型思维与变革能力吧！

因此，我们需要寻求一种让自己感觉安全的方式——私下与经理谈话，把对方叫到一边进行一对一的交谈。开展这样的交谈并非易事，然而你可以熟能生巧。就像肌肉会因为日积月累的锻炼变得更强壮一样，随着日积月累的练习，你也会感觉这类对话愈发容易，所以坚持练习吧！

下面将介绍一个"理解－但是－因此"方法框架，让你能更好地进行此类谈话，做到专注要点，不岔开话题，不针对个人。与进行任何其他反馈一样，我们要关注行为，而非个人。我们只需要分享自己对他人行为及后果的观察，切勿对他人的意图、价值观、道德观和生活方式等进行评判。

> 💡 **示例** "理解－但是－因此"微歧视应对方式
>
> 我理解你……（陈述意图）

但是……（说明后果）

因此……（说明你希望看到什么改变或不同，需要对方停止或开始什么行为）。

以下是一个例子：

我理解你当时讲这段话的时候只是想开个玩笑，想在团队中营造一种轻松愉快的氛围。但是，这个笑话只有少数人能够听懂，有很大一部分人听不懂，并且带着一点取笑的意味。这样便构成了一种微歧视。因此，我希望你不再讲这样的笑话。让我们寻找其他方式让我们的团队关系更轻松吧。如果我们想更多地了解微歧视，共同创设一个让员工感觉心理安全的工作场所，那么让我们停止这样的笑话吧。

💡 遇到他人的"公开指控"应该怎么办？

1. 深呼吸——这时候我们的大脑会进入威胁反应机制（见第一章）。我们需要寻求内心的力量，让中枢神经系统平静下来（使用第一章中的深呼吸力量练习）。我们可能会感到非常不快，但实际上这也不是什么大事。

我们常需要在此时停下来，暂停进一步的思考。被人指责的不快太过强烈，太难于接受了。这也是为什么我们往往会更关心自己的感受，而不是专注保护其他群体利益。

2. 注意情绪的波动。注意身体的战斗反应，选择保持一

215

颗好奇心。

3. 聆听。接受他人的语言，接受他人的反馈。

4. 深呼吸。保持深呼吸……

5. 给予反馈。表示自己正在积极倾听，争取时间处理听到的内容。"我理解您所说的……确实有这样的事情……您感觉到……我的理解对吗？您还有什么想补充的吗？"

6. 预留思考的时间。时而中断一下谈话。"非常感谢您的分享。我会思考您和我分享的内容，稍后我会给您答复。现在我们再谈谈……"

7. 注意自己的情绪，注意自己情绪的脆弱面。这时候你的内心涌动防御性情绪，并且还有可能感到恐惧、内疚、羞耻、失望、生气、愤怒。这些都很正常，这也是白人至上文化对我们塑造和制约的表现。注意这些情绪，找个地方坐下来，使用第二章中的力量练习平复自己的情绪。

8. 表达歉意。用诸如"对不起""我道歉"这样的句子表达歉意，后面不要再有"但是"，不解释、不辩解、不辩护。如果你并不习惯以没有"但是"的方式讲话，你可能需要多加练习！

9. 接受纠正，在有必要的情况下。"你希望我做出什么改变？""你现在希望我做什么？"

10. 别放在心上。不把他人的指控放在心上。微歧视会给他人带来痛苦，但受到种族微歧视的人并不需要来自白人的内疚和脆弱。我们可以将自己的感受和体会告诉自己的主管、上司或导师，也可采用写日记的方式，进行第二章中提到的摆脱心理反刍的力量练习，培养自己的成长型思维。

11. 反思自己的学习。你需要进一步学习吗？需要自我教育吗？顺便说一句，答案很可能是肯定的！我们通过这样的方式学习和成长，我们通过这样的方式养成成长型思维。有什么途径可以实现自我教育呢？有很多卓越的教育工作者业已开发出大量免费学习资源或付费学习项目，我们可以参加。

12. 下次做得更好！我们增进知识，改进做法。羞耻感的意义并不在于让我们止步不前，而在于让我们更好地前进。

13. 决心瓦解现有系统，每天采取一些行动。详见第八章。

道歉示例

"很抱歉我念错了您的名字，感谢您的提醒。请问您的名字正确的读音是？"

"对不起我碰到了您的头发，我知道您会很介意。"

如何直面我们的特权？

要承认自己拥有特权需要谦卑的心态；接受自己属于特权群

体需要勇气；选择持续学习的成长型思维需要有恻隐之心。我们要做的不只是发现问题，还要真正致力于解决问题。

我逐渐发现，聆听他人的经历对我来说是一件快乐的事情。我注意到，聆听他人的经历，有助于拓展我的思维，提升我的同情心和同理心。我还注意到，聆听他人的经历，让我更加坚定地致力于改革现状。在我看来，反对种族主义与主张公平与包容的意义，并不仅在于自我的发展，**同时**还在于让我们成为更加完整的人。

身为女性，往往同时经历逆风现象和顺风现象，同时成为"被压迫者"和"压迫者"。她们时而经历逆风，时而又经历顺风，能够获得其他群体无法获得的顺风权益。

当我们能够做到承认自己拥有的身份与特权（使用第二章的交叉身份示意图）；能够坦诚地面对自己的身份，不再因此而感觉愧疚、自责与羞耻；能够认识到我们构成系统，并受到系统的影响；认识到自己能够选择将自己"去殖民化"，即可以忘却旧的观念，学习新的观念；深刻地认识到这是一个终生之旅，是我们变革历程的核心部分，是一项持续的工作；意识到我们要做的只是推动变革，而不是达到完美主义的目标……我们便能够激发自己的变革思维，着手开始变革！

此时，我们的特权转化为强大的变革力量！

我的变革力量

保持好奇心，思考在职场及其他领域，如何将自己的特权转化为强大的变革力量：

1. 场地——利用自身的便利，为非特权人群同事提供场地（用于进行小组讨论、演讲、小组会议、汇报等）。

2. 机会——向非特权人群同事提供更多在职培训、职业晋升、新项目等方面的机会。（你以前会更多地把机会给予什么人群？你给予机会的对象是否总是和自己属于同一群体？）

3. 赞美——思考自己可以与谁进行更多交谈，可以给谁更多赞美（有众多的女性向我表达，自己非常在意身边资深的同事对自己工作的肯定）？

4. 决策——在有关在职培训、学习、培训与发展、职业发展、职业晋升、"人才"提名、成长机会的决策方面，更多地向非特权群体倾斜，因为他们很多时候在决策方面没有话语权。

5. 除此之外——给非特权人群同事更多发表意见和想法的机会（我们知道，在职场中同主流文化群体相比较，女性和边缘化群体经常被剥夺发表意见的机会，她们在开会时没有足够的时间发表想法，并且更容易在讲话时被打断）。

6. 职业发展支持——你可能已经在为其他同事提供职业发展方面的指导和支持，这是非常值得肯定的。然而请检视一下，你所支持的对象是否与你同属一个群体？是否属于公司的主流或默认群体？

7. **供应链**——你合作的买家、卖家、分包商属于哪一个人群？你是否可以做到将业务对象拓展到其他人群？你可以开始着手瓦解哪些现有的系统和权力关系？再进一步思考，在生活中，你会选择什么样的买家（你可以有意选择女性群体作为物资采购对象）？你可以购买哪些物资，可以由谁来出售、制造、供应这些物资（同时请进行环境与伦理方面的考量）？你可以将家里的工程分包给谁，雇佣谁来完成工程，向朋友推荐谁？选择谁来做你的投资顾问（比如退休金管理顾问，此时请进行伦理、性别等方面的考量）？

8. **关心社区**——你所在的社区是否有不公平现象的发生？你可以对谁予以帮助和指导？可以在哪些方面提供金钱、时间和技能支持？可以主动与谁进行交谈？

9. **关心国内和国际形势**——你愿意参加哪些为非特权群体主张利益的事业、变革和运动？你可以如何发挥自己的影响力？

请使用以下反思点，思考如何利用自己的特权帮助他人。

> 💡 **反思点**
>
> 　　在本周、下个月，或下一年，你打算如何运用自己的职场特权？
>
> 　　你拥有哪些资源？

你可以提供怎样的场地？

你可以为哪些群体主张权利，哪些群体被排除在话语权之外？

你可以为谁提供晋升机会？你可以如何利用自己的特权在各方面产生影响？

你如何进入并瓦解职场的特权体系，让非特权人群不再被排除在外？

你可以对谁在工作方面的贡献予以肯定？

你可以如何利用自己的各种特权——时间、精力、金钱，以及你在生活领域所拥有的各种权限？

你愿意为这一事业投入自己的时间和精力吗？

对你来说从事这一事业的代价是什么？

_____

_____

思考自己的整体人际关系生态系统，思考第四章中提到的"人生目标"和第三章中提到的自我发展的可视化。如何利用自己的关系来帮助那些比自己享有更少特权的人，为更广泛群体的解放、治愈和自由做出贡献？

要拆除和瓦解系统，而不是要拯救他人

作为享有特权的群体，我们要做的不是拯救他人，而是要瓦解压迫人的系统。现在需要我们去瓦解我们自己掌握权力的系统，事实上这让我们感觉更加困难，对吗？

做"拯救者"比做"瓦解者"感觉更为容易。拯救者觉得自己被他人需要，对他人非常有用。但这实际上是一种权力的维系。而瓦解者需要瓦解制度，需要让渡权力和重新分配权力。他们开拓新领域，开辟新天地，扮演并不讨喜的角色；他们反对主流文化，捍卫权利的公平，极易遭到他人反对。做拯救者相对容易（比如，我们可以通过施舍金钱实现这一目标），而做瓦解者则异常艰难。

让我们开始吧

致力于权力公平对我来说仍然是"正在进行"的事业！我通过接受督导、培训、治疗、付费课程、阅读和其他方式的学习提升自己。我意识到自己还需要更多的学习和成长。所以，我们要有耐心并能够坚持！

我们可能意识到前方任重道远，意识到我们可能会负重前行，然而这些都不能成为我们对不公平现象放任不管的借口。

可能存在的一些影响我们变革领导力的因素，其中有哪些你已经意识到了？

首先，女性天生希望待万事俱备后再采取行动，遇事往往因为自己没有充分准备而退缩不前，低估自己，等待时机，不做行动。然而这正体现了社会系统对我们的角色设定，对我们力量的削弱。让我们开始挑战这个系统吧！

其次，瓦解系统意味着权力的重新划分！若我们自己正是该系统中的特权群体，我们可能因此而将自身利益放在首位，害怕动摇自己的地位，进而选择安于现状，不去为他人争取公平公正。

从心理学的角度来看，任何人在面临困难时，都会从心理上抵制和逃避。因此，面对棘手的问题，我们更需要保持专注力和目标性！我们需要铭记我们变革的"动机"，坚定前行，有效地利用书中的力量练习，铭记初心，致力于为变革事业贡献一己之力。

想一想自己是否曾下定决心，但又选择放弃；或者发现自己一度精力充沛，而当前已经精力殆尽。人不可能同时做到关注每一件事情，因此我们需要就自己要投入的时间、精力、努力、金钱等，做出选择（在第五章中，我鼓励大家将精力专注到某些事情上，而不是分散到多种零散的事情上）。同时还请各位注意，"暂时停止"我们的变革工作，"稍作休整"，或避免同时应付多件事情，也是我们的特权。

此外，我们可能会害怕失败，害怕自己做得不好。每个人都希望把事情做好，而不得罪任何人。然而，人都是会犯错的，我们要做的是尽最大努力规避错误，在确实发生错误时真诚道歉，保持学习的心态，决心改进自己，致力于变革现状，而不是保持沉默。沉默便意味着同谋，同谋则造成伤害。提醒自己培养本书第二章中提到的成长型思维。

在第七章中，我们将探讨提升自我关注度，并利用我们的关系和合作的力量，共同提升变革领导力，让我们一起变得更强大。

有关变革工作的总体反思和注意事项

1）我们有自我教育的义务。

2）如果我们本身便属于某系统的特权群体，那么瓦解系统便应当是我们的责任，而不是非特权群体的责任。

3）为知识付费。不要期望那些与我们身份不一样的人会义务帮助我们增进理解和成为更加完整的人。当你获得价值，当你得以成长和学习，请务必让教育和学习成为互惠的过程，向帮助你的人支付相应的酬劳。

4）我们正在从旁观者转变为积极挑战者和共同创造者。

5）人人都会犯错。在营造公平的组织机构环境等方面，我们尚处于学习和探索阶段，因此我们需要像埃里卡·海因斯（Ericka Hines）所说的那样，"保持谦逊，持续探索"。我们需要勇于尝试，勇于从头再来，深入挖掘自身的成长型思维："做得不好没关系，我尚在学习，正在学习怎样才能做得更好。"

6）羞耻感毫无助益。我们意识到自己的行为错误时，会感觉到羞耻或痛苦。我们不能直面自己的行为，而是进入一种威胁反应机制，否认自己的错误，这会对他人造成更多的伤害。相反，内疚感与同理心则能够帮助我们反思自己的言行，勇于承担责任，并进一步改进自己的言行。因此，我们不要停留于感到羞耻或者以羞辱他人为目标，而是要拥有同情心、好奇心和成长型思维，并积极地影响身边的人。

7）持续地追求快乐、希望和愉悦，让它们成为我们变革之旅的动力。有关这一点，在第七章和第八章将加以探讨！

8）我们切身体会到以下痛苦。系统性压迫对我们造成的影响，以及系统对特定人和人群的压制旷日持久。新的研究表明，人类所经历的创伤在细胞层面留存于人类的 DNA 中，因而我们从祖先那里遗传到代际创伤，这些代际创伤进一步影响我们的生活感受和幸福体验。如果你亲历了系统创伤或代际创伤，那么仅仅依靠成长型思维还不足以 "帮你摆脱困境"。你应该利用自己的内心智慧，相信自己能够治愈创伤，恢复心理健康。务必利用一切可以利用的资源。

健康警告

如果你当前正处于一个有损公平公正的职场环境中，这一环境威胁到你的心理安全感，影响到你的职业发展，那么就应当采取措施改变这一环境；如果你无法改变环境（往往我们由于长期处于这样的环境中，而不得不委曲求全），那么便尽一切努力设法离开这个环境。寻求支持，寻求盟友，寻求与上级沟通，寻找值得信赖的教练、治疗师，或者密友，支持你的抉择。多接触志同道合的同事，寻找有共同人生目标的同伴！寻找适合自己的职场文化，在那里你会得到发展，你会感到心理安全，并能够帮助他人实现安全、健康和发展。

本章小结

本章介绍了很多内容。本章探讨了一些关键的系统因素，这些因素对于我们调动自我意识，参与变革，实现职场中的持续变革而不倦怠至关重要。

我相信你现在可以对自己说，"我已经'戴上眼镜'了，我可以看到偏见和文化制约如何塑造了我所处的系统"。现在你能够认识到自己在系统中的角色，以及系统对自己的影响，你可以选择忘却旧知识，重新学习新知识。这使你在思考过程中和变革行动中有了更多的选择。我相信你现在可以带着好奇心有意识地发现自己所拥有的特权，而不是陷入内疚或羞耻之中不能自拔。你可以意识到逆风和顺风在职场和职业生涯中对你产生了什么帮助（和阻碍），以及对他人产生了什么样的影响。我相信你现在可以将自己的特权转化成变革的超级能力，并利用自己的特权来提升和帮助他人。你知道的越多，便做得越好！

在接下来的第七章中，我们将探讨如果通过提升我们的关注度和人际关系生态系统来提升自己的变革影响力。

💡 复习　反思点

本章对你来说最重要的是什么？

你会开始何种试验？

💡 变革进度 + 行动记录表

- 这是我为变革而采取的行动。

- 这是我正在尝试的。

- 这是我现在注意到的。

💡 自我肯定

"我选择忘记并重新学习。"

"我奋起反抗。"

"我攀登而上。"

"我们众志成城。"

"我们已经做得够好。"

"我们可以让更多人享有权力。"

"我们欢迎所有人。"

"我悦纳每个阶段的自己"［感谢丝玛·库马尔（Sima Kumar）贡献了这一点］。

访谈录

米雷耶·哈珀（Mireille Harper）作为编辑、作家、敏感信息顾问和传播顾问，屡获殊荣。她曾为英国多家时尚、娱乐、家装、财富等领域的杂志撰文，并为几个致力于工作平等的组织提供顾问。参编著作《每个人的时间线》（*Timelines of Everyone*）、《黑人历史书》（*The Black History Book*）和《迁移》（*Migrations*），主编著作《黑人历史时间线》（*Timelines from Black History*）。论文《为何不能再被动》（*Why Passivity Will No Longer Do*）"发表于女权图书协会的选集《我们如何变得强大（及其他故事）》[*This Is How We Come Back Stronger(And Other Stories)*]。

我与米雷耶讨论了她在出版业的变革之举，以及她如何保持韧性并克服障碍。

我是一个变革者，因为我利用自己的知识和生活经验来改变我所在行业的流程和态度。

我的出版之路与其他人有所不同。自 16 岁起，我就从事过零售、视觉营销、客户服务等工作，同时我自学公关和社交媒体，并有诸多相关行业的从业经历，我因此积累了很多阅历，并进行了较多思考。除此之外，我从十几岁起就在多元化和包容性（D&I）组织以及慈善、基层和社区利益组织（CIC）工作。受此影响，我一直认为我应该将自己的相关收获运用于改进我所处的职场环境。我认为全面了解其他组织的工作方式对我的职业生涯非常有益。同样，当了八年撰稿人，现在成为一名独立作家的经历，使我可以从不同的角度看待图书的出版过程，这对我处理与其他作者的关系也非常有益。

（1）**关于韧性**。无论生活中发生什么事情，对我来说，韧性一直是不可或缺的。作为在英国长大的第二代移民，韧性是我的家族传承。我的祖母和外祖母都是移民——一位来自德国，另一位来自牙买加。她们两人都是单身母亲，都忍受着仇外心理、歧视和偏见。无论遇到什么困难，她们都努力工作以拥有自己的房屋，努力建立自己的事业并继续生活。每当我面临挑战时，我都会努力记住她们赋予我的力量和韧性。

在新冠疫情期间，我经历了相当多的起起落落，我的韧性已经在许多方面得到了考验。我试图保持积极乐观，同时也允许自己有情绪的起伏，我在必要时抽出时间进行情绪疗愈，尽可能参与能给我带来快乐的活动。同时通过大量的巧克力、葡萄酒、茶和外卖帮助自己保持韧性。

（2）**寻找自己的变革贡献点**。我认为我们需要找到让我们感到情绪激动的东西。无论是让我们感到高兴得手舞足蹈的事情，还是让我们愤怒得彻夜难眠的事情，我们需要找到在情感层面对我们造成影响的事情，让我们想要做点什么。实际上我并不认为我们必须成为专家，或者必须在这一领域工作多年，才能作出自己的贡献，或者发出自己的声音。但我认为我们确实应该看看我们已经在哪些生态系统、基础设施和意见发表方面，实现了变革的目的。发现我们已经做出的成绩，可以让我们发现自己与变革事业的更多联系，让我们知道应该如何做出更大的贡献，发出更多的声音。

（3）**关于支持与协作。**很幸运的是，我有很多与我志同道合的挚友，相互交流碰撞出思维的火花，相互支持和安慰以渡过难关。我很幸运，我的挚友们会时常监督我，让我不至于过度劳累，让我确保足够的时间休息。我还有一个责任相关伙伴，一位自我四天大就认识了的最好的朋友，我们为自己设定相关目标，定期督促对方完成目标。在自己周围建立一个支持网络至关重要——无论是责任相关伙伴、忠实支持者，还是仅仅是可靠的朋友。

我相信，没有协作就不可能做出切实的大规模变革。我相信变革就是相互扶持的人之间的协作与联系。在我的生活中的大多数事情都是通过协作的方式实现的。

（4）**关于在出版领域破除偏见。**至少可以说，我适应职场"系统"的经历非常有趣。我从十几岁开始，曾在多个行业工作，我已经深谙职场游走之道。我很快便知道自己是否"安全"，谁会为我提供支持，什么有用，什么没有用，以及如何保护自己。我尽量保持开放，同时也要保持高度警惕，并为可能出现的情况做好准备。

人们很容易用局限的眼光看你，认为你只擅长某一个领域，而没有意识到你可以是一个兴趣广泛的多面手。

现在的我明确且开放——当他人使用我不能理解的词汇时，我明确地向对方表达意见，让他们使用外行能懂的语言，便于我的理解。很多出版界特有的行话和交流方式都超出了我的知识范围。而我也会从自己的文化和兴趣角度出发，使用一些我在播客和电视访谈上喜闻乐见的语言同对方交流，让这些语言也成为职场交流的"标准"语言。在我职业生涯中所经历的所有职场中，我都能建立起伙伴关系，开发出拓展机会，我认为这是吸引更多力量加入和加强协作的重要手段。要实现长期切实的变革，不能试图依靠某个人为变革事业代言，而是需要创建多人协作的生态系统、基础设施和网络。

（5）"如果桌子上没有你的位置，那就新建一张桌子。"我做事情便秉持上述心态。在我的出版生涯当中，我尤其注意建立各种伙伴关系，包括参与社会关怀组织以和他们合作实施长期志愿服务计划，以及开展长期性的图书捐赠活动。我将自己获得的自由职业机会和咨询请求一半都分享给了其他同样有资格接受这些机会的人，而这些人也许我并不认识，或者只是在网络上跟我有过联系。

（6）如何应对反对变革的声音？任何变革都将面临各种反对

的声音。与现状格格不入的做法，势必招致不同形式的反对和报复，更不要说那些打破现状的行为。

其中有一些反对意见是有事实根据的，如我能在变革工作中投入多少时间？我的道德伦理观念是否与我的变革目标相一致？我是否确实在剥削和不平等的制度或社会中进行了真正的变革？这些问题时刻在我脑海中盘旋。

而我的应对方法则是首先评估这些问题是否对我造成情感、精神或身体上的影响，再考虑自己的优先事项和自身的能力，之后寻求他人的帮助以分担这些负担，最后在此基础之上继续我的变革努力。

（7）你认为自己未来的工作和理想的职场是什么样的，能如何满足人们的需求？我理想的职场灵活、开放、包容不同的工作方式、能够与其他行业与组织更加深入的协作。

第七章

变革的生态系统：提高你的关注度

> 与能挑战和激励自己之人相交，我们的生活会因此而改变。
>
> ——艾米·波勒（Amy Poehler）

你现在已经检视了自己的特权，审视了自己所处职场的不公正现象。你希望为积极变革贡献一分力量，你也知道对什么说"是"。那么接下来呢？

没有人能通过一个人的力量消除职场和其他领域的不公。个人确须努力，而合作更为必须。

本章将介绍如何通过协作、结盟和提升个人关注度构建自我的变革生态系统。在前面几章介绍了内心对话、个人意识与系统意识后，本章将探讨如何发挥你的个人才华，让你的才华闪烁出更为耀眼的光芒。

本章第一节探讨个人及个人关注度——个人关注度的重要性、困难度、如何安全地运用关注度。社会让女性习惯于竞争而非协作，让我们相信我们需要去竞争那些"有限"的机会、职位、金钱等。这一信念滋生了竞争、比较，甚至冒名顶替综合征。本部分将介绍如何应对这些情况，如何提升自己的关注度。

在第二节，我们将探讨"我真的能遇到奥巴马吗？"通过描绘、拓展和提升个人变革生态系统，发现我们的支持者和行为榜样，绘制出自己的生态系统地图。

第三节将探讨为何支持与问责对于作为变革者的我们至关重要。在变革之路上，我们将发现协作者和盟友。然而变革之旅并非是一帆风顺的，因此本部分还将深入探讨职场中遇到的挫折和失败，以及如何从失败中恢复。

个人关注度

如果你想追求更大的变革目标，如果你对自己的身份和能力有一定认识，那么你应该明白，你需要努力提升个人的关注度，这也是变革工作的一部分！个人关注度对我们在组织机构和行业内部的发展至关重要。如果他人无法知晓你出色的工作，他们便也无法从你的努力工作中获益，或者说你剥夺了他们从中受益的机会！在本小节中，我们将探讨关注度这一话题，如何实现关注度，谁能帮助我们实现关注度。

在组织机构内部，个人关注度影响我们晋升、在职培训，以及深造的机会。我们希望有更多的女性和边缘身份人群的人在组织机构担任高级职务，从而对整个行业形成影响力。在此我们简要地谈一下代表性这一话题，也就是我们"希望看到什么情形，就让自己成为这一情形的代表"。一旦拥有多元交叉身份的女性成功担任要职，便能够开拓其他人的思路："她们能做到，我也可以。"我们需要人们不但考虑自己的职业发展，不止思考如何为更多的人做出榜样，还要致力于为了他人的利益，利用自己的特权来重构和瓦解现有系统。因此，提升自身关注度，为他人的发展提供空间，是符合所有人利益的举动。

如果你是企业主，或者变革领袖，那么关注度对于提升你变革工作的"影响力"，让其他人知晓并从中获益，尤为重要。

提升个人关注度并非易事

我们一直以来谨小慎微，避免张扬，并以此为行事标准，这是非常容易理解的——因为保持低调而不张扬才是稳妥之举，他人期望我们低调而不张扬，而我们要满足这种期望。然而这样做代价却非常惨重。我们为了符合他人的期望而不惜委曲求全，不惜舍弃自己的目标和梦想，放弃自己为职场变革做出贡献的机会。

在职场中提升个人关注度会打破一部分人固有的安全感。在第六章中，我们探讨了职场微歧视和职场偏见的影响，心理安全感的重要性，以及如何实现个人、团队及团队成员的心理安全。社会让我们害怕被拒绝，让我们学会不要"不自量力"，不要成为"孤芳自赏的人"，要选择沉默而不是挺身而出。学校教育也没有告诉我们要如何自然而轻松地进行自我推销。在第六章中提到一种双重束缚，即"过于强大"者会受到排斥，而过于弱小者则被看作无能，这真是一个棘手的问题！

尽管人们（包括男性和女性）相信女性在会议过程中占用了大量的时间，然而同男性相比，女性在会议过程中更容易被抢话、被打断，发言的机会也更少。大量的研究表明，女性受重视程度仍然很低。

同时，社会让女性学会竞争而不是协作，让女性感觉机会、职位、金钱等非常"有限"，从而在女性中滋生了竞争、比较、甚至冒名顶替综合征。

而社会让我们相信自己有冒名顶替综合征，让我们感觉自己与取得的成就不相称，让我们认为自己并不如别人想的那样聪明能干，我们在欺骗他人，即便有大量的事实证明这样的感觉并不是真实的，并且我们早晚也会意识到这一点。是的，要形成韧性和良好的心理习惯，我们应该从内部着手努力，然而事实上我们却往往给女性贴上"冒名顶替综合征"的标签，并以这种方式固化女性，进而推卸系统的责任。我们自我否认，在遭遇系统阻碍（或我们在第六章中所说的逆风）时，我们将责任归咎于自己。

而在我与变革者的交谈当中，她们更多的并不是在质疑自己（"我知道我并没有欺骗他人，我知道自己确实有能力"），而是质疑自己所处的职场环境。这一环境是否安全，在这里经理和同事是否对女性提供了应有的支持和帮助。这里再提一下特权，如果我们是某一系统中的特权群体，我们有责任去变革系统，让系统成为对其他人同样安全的环境。

作为具有某种特殊身份的女性在首次担任某高级职务时，可能会遭遇一种"关注度脆弱性"危机。阿曼达·霍齐·穆克瓦什（Amanda Khozi Mukwashi）提到，尤其对于非白人女性而言，要证明自己有能力身居高位，不断超越自己，从而维持现有的职位，需要花费巨大的精力。她认为自己之所以获得成功，得益于从事改善妇女权益运动的其他女性的支持。蕾拉·侯赛因向我讲述了"关注度脆弱性"对自己的影响："作为一名女性，在我到达某一个（职业发展的）高度时，会感觉到担忧，担心自己未来会发展如何，是否可以放弃这一职业，能否再次获得这样的机会。"

整个社会和主流社会文化都过分关注女性的容貌，对于女性容貌有非常明确的标准，鼓励女性评判自己和他人，看低并审查自己，同时整体上忽视女性这一群体。

上述因素让女性提升自身关注度变得非常不易。请使用以下反思点，思考自己所经历的关注度问题。

> **💡 反思点**
>
> 在我们探讨关注度这一话题时，你内心涌现出怎样的想法和感受？采用第二章中的练习，聆听自己的内心对话。
>
> 提升自我关注度是否让你感觉内心更安全？如果是，是什么让你感觉如此安全？如果不是，是什么让你感到不安全？
>
> 你如何增加自己的心理安全感，提升自己的关注度？要获取相关韧性，你需要哪些支持？
>
> _____
>
> _____

正如我们在本书第一和第二章中所谈到的，我们可以通过重置中枢神经系统以实现心理安全感。除此之外，我们还可以通过寻找盟友的方式，与他人共建职场心理安全感。与之前探讨的一样，我们同时需要内部努力和外部努力，个人努力和系统努力。

当我们开始比较的时候；当我们的内心批评者大声批评我们，拿我们与其他女性比较，认为我们差劲的时候；当我们感到迎合社会或职场文化期望的压力大的时候；当我们遭遇逆风的时候：

我们需要提醒自己，出现上述情况的原因，是系统出了问题。

如果我们在系统中拥有特权，我们的职责所在就是瓦解这一系统！

所以，调动你的内心对话，戴上你检视系统的眼镜，让我们开始吧！

评判他人

请留意一下以下情形。你评判其他女性过于X、Y或Z（吵闹、漂亮、优秀、受关注），你说"她竟敢寻求关注！"或"她以为自己是谁？！"你表现出竞争性行为，你开始与之比较，你有意贬低他人以"抬高"自己。这时候，请使用以下反思点来帮助你。

如果我们出现上述情形，那么我们便是在助长男权主义。

💡 **反思点**

你如何评价其他女性？

对于其他女性获得关注，你有何反应？

你对其他女性的外貌、行为、动作、声音、举止、行事方式进行了怎样的"评判"？

你自我感觉如何？

克服冒名顶替综合征和比较症

1. 注意上述情况正在发生。意识到是最重要的！

2. 换个方式。中止当前的工作，换个方式。站起身来，四下走动，眼睛停止看屏幕，调整一下看东西的距离。进行一个微韧性力量练习（见第三章）。

3. 聆听内心对话。调出内心批评者和内心导师（见第二章），聆听内心对话的声音。留意任何思维性错误（见第一章）。

4. 休整。休息一下，回到现实，重新关注身体，重置神经系统，使用呼吸和感恩力量练习（见第一章）。

5. 记住你遭遇的不公源自系统的问题！你自己没有任何问题。

6. 意识到你可以做自己。你不需要成为其他人，不需要成为专家或"最好的"。你可以对事物有自己的见解。如果你不能理解一些事物，那表明你正在努力拓展新的知识领域！

7. 不知道没关系——你总会知道的。回答"我不知道"或"我稍后回答你"可以表明你愿意学习，对学习持开放的态度。

8. 回顾自己的目标。回顾自己的价值观，以及自己认为最重要的事情。你做事情的初衷是什么？利用这个机会重新确认自己"同意"的事项，重新聚焦自己的目标（见第四章）。

9. 寻找盟友、协作者、支持者。更多内容见下文。

10. 保持在工作中进步：每天前进一小步，进行目标设定力量练习（见第三章），回顾自己的进步，进行有关每周收获的力量练习（见第五章）。

11. 调动自我关怀，重新绘制自己的韧性图，重新制定晨间惯例（见第三章）。

12. 进行自我肯定，记住自己的优点！关注每章结尾的自我肯定方式列表。

13. 热爱他人。利用自己的力量，帮助他人，慷慨给予，回馈他人。

盲从不可取，特别是在自己擅长的领域。盲从会让人丧失理性判断！[劳拉·谢德雷克（Lara Sheldrake）]

好了，我们回到关注度

值得一提的是，我们无须获得所有人的关注。

我们需要争取关注的对象，是那些帮助我们的人，以及那些我们能帮助的人。现在我们将进一步探讨我们为何需要获取关注，明白了这一点能够帮助我们克服心理阻碍，让我们放手去做。

💡 **如何让自己在获取关注度的同时感到心理安全？**

1. 深呼吸！调动身体的机能，调节大脑的威胁反应，相信这样做是很安全的。

2. 结合目标。思考自己的总体目标是什么，有哪些东西对你而言非常重要？感受身体的认可与共鸣。思考自己是在为谁奋斗，是在改变谁的生活？进行第三章中介绍的自我发展可视化练习。

3. 思考获取帮助的对象。你希望获得谁的帮助，你是否已经找到获取帮助的对象？你的盟友和同事可以如何帮助你，你可以利用谁的影响力？

4. 制订计划。在变革事业中，你们如何相互帮助？你可以怎样支持他人和获取支持，又如何与他人共同分担责任？

一方面，提升关注度与你无关

与之相关的是你的工作、所在社区、客户、受益者，以及你希望产生的变革影响。

另一方面，提升关注度又与你休戚相关

你不必像其他人一样提升关注度，只需要做自己！你喜欢什么样的沟通方式？书面、口头、视频？选取一种适合自己的方式，

由你自己做出选择。无论你喜欢提前准备，还是喜欢即兴发挥，都由你自己决定。我们又回到有关人生四季节律的话题，获取高关注度便是人生的盛夏之际，如果我们一直保持这样的状态，就会感到筋疲力尽。因此，我们需要合理规划四季周期，在其他季节，尤其是秋季和冬季，为此进行休整和准备。在第三章介绍的自我发展可视化练习中，你看到了未来最好的自己，这样的你会如何提升个人关注度呢？你如何在这一过程中充分发挥自己的创造性，并且使自己感到愉悦，甚至快乐？

如果获取关注度确实影响到自己的心理安全，怎么办？

你能克服这种内心的不安全感吗？每个人的生命是唯一且宝贵的，每个人都有自身的价值和才华。因此，如果环境让你感觉到束缚，让你觉得不被认可，那么你可以选择换一个环境，去一个让你才华的光芒得以发挥的地方。你可以先同其他人聊一聊，与自己的上司聊聊，提出自己的需求。如果你表达了需求，却发现自己的需求无从满足，这也是非常重要的发现。那么你可以试着换一个地方。如果获取关注的行为引起了你的某种心理创伤，请务必向有资质的医疗服务人士寻求帮助。

💡 **关注度宣言！**

让我们：

获取自己应有的关注度，并找到适合自己的方法。

停止男权主义行为，停止对其他女性进行评判。

树立进行合理自我推销的行为和情绪榜样。

获取支持，在获取关注度方面，我们尚如孩童学步般在探索，我们也像蹒跚学步的孩子一样需要支持和帮助。

帮助他人获取相同的心理安全感，为他人在获取关注度方面创设心理安全的团队环境。

支持他人获取自我关注度，鼓励他人，宣扬他人的成就。

还有没有什么你想要添加的内容？

加速构建你的人际关系生态系统

本小节将介绍如何加速构建我们的人际关系生态系统，如何"回馈他人"，如何利用自己的特权为他人谋求公平，如何发挥自己的榜样作用。但请记住一个前提，就是我们无法成为我们不了解的人。

要在职场和商界进行重大变革，不可能只依靠个人单独的力量——变革工作不是孤立发生的，而是通过与他人共同协作完成的。

你的变革工作人际网络里都有谁？在你有需要时，可以最快联系到谁？

在你工作的组织机构里，哪些人可以成为你的导师、榜样、共同谋划者、支持者、资助者、朋友、共事者？在你痛苦、沮丧、欣喜之际，可以与谁分享？

你着手开凿阻碍之墙之时，希望从谁的行为中看到榜样和激励作用？

如果你尚不能回答上述问题，本小节可以帮助你寻找和发现身边这样的人。生态系统即人际关系。本小节将探讨如何成长，如何维持良好的人际关系，如何让人际关系生态系统发挥最大的作用。

团结就是力量。我自己也曾深受迪帕·艾尔（Deepa Iyer）著作的启迪，从中学会寻找志同道合之人，意识到每个人可以发挥的不同作用，认识到自己能够为变革事业做出什么贡献。如果我们发现有其他的人和我们一样关心变革事业、关注社会不公正现象，我们可以和他们联合起来，看看自己能如何贡献一己之力，如何加入他人的变革事业，他们已经做出什么成绩。如果我们属于特权群体，那么我们最好选择作为成员加入，而不要试图去领导变革事业！

众所周知，社会变革生态系统本身便倡导这样一种文化，即以牺牲个人健康和可持续性为代价，实现更多的加班、更好的生产力和业绩。构建人际生态系统能够让我们在职场中获取更多的资源和支持，同时还能够为我们致力于职场公正、解放、包容和团结创造条件。想想我们可以如何成为他人的行为模范？（促进健康和持续性的其他方法见本书第三章。）

不要等到需要的时候才着手构建人际关系生态系统

如果我身边的人有需要，无论我们已经认识了20年、2年，还是仅仅认识2个月，我都会伸出援手，我同样也会向他们寻求帮助。就我的咨询顾问人际关系网而言，我非常注重"回馈他人"，在我力所能及的情况下为他人提供切实的帮助——分享工作机会、人脉、想法、资源，为他人的工作、提议和晋升喝彩，帮助他人提升关注度。我注重维护个人人际关系生态系统，我会通过电子邮件、短信、语音消息、分享资源等方式与他人保持经常的联系："我看到这个，就想到了您。"我之所以这样做是因为我从中感受到快乐！同样，一旦我有"需要"的时候，一旦我需要获得帮助的时候，我已经拥有了良好的人际关系，并且这样的人际关系还在进一步拓展。

建立良好的人际关系生态系统在以下方面对我们至关重要：

● 提升关注度、扩大关注受众；

● 增加培训和晋升机会（对于能与其他女性形成强大的圈子，并为他人提供职业建议的女性而言，其获得更好工作的机会是没有这样的支持系统的女性的三倍）；

● 提升韧性和幸福感；

● 提高效率——与他人并肩作战：在变革工作中有共同谋划者比单独行动更有趣、更有活力，并且更可持续。

绘制生态系统表

如表 7-1 所示，填写自己的人际关系生态系统表。

表 7-1　人际关系生态系统表

	个人	日常工作	战略
组织机构内部			
组织机构外部			

个人一栏填写在个人生活方面支持和帮助你的人，包括朋友。日常工作一栏填写帮助你完成工作的人。战略这一栏着眼于未来：填写从整体上帮助你，了解你所在行业、部门、工作领域和变革的人。

你在哪些栏目填写了哪些人？写出他们的名字。

现在我们看看你的整个生态系统表。

你发现自己在哪些方面还有所欠缺？

你的生态系统是反映了过去的自我、现在的自我，还是未来的自我？

打破"回声室"

在亲和力偏见的作用下（见第六章），我们倾向于接近与自己相似的人，与之共事并建立友谊：他们与我们长相相似、背景相似、持有相似的观点、具有相似的社会地位。我们因此而创建了自己的内团体、小集团，这种"回声室"效应在社交媒体的作用下进一步加剧，这是由于社交媒体平台算法不断向我们推送更多符合我们喜好的信息。

想想在你自己的工作、变革事业，以及个人生活中，与你相处时间最长的五个人是谁？他们与你有多少相同之处？多少相似之处？多少不同之处？（参照本书第二章的交叉身份示意图）。

你的生态系统在多大程度上具有多样化的特点？多项研究表明，生态系统越多样化、联系越紧密，则该系统越强大。在思考上述问题的时候，请考虑年龄、人生阶段、专业领域、专业知识和背景、价值取向、生活态度、生活经历、社会人口等因素。你是否能进一步拓展自己的人际关系，打破现有的"小圈子"？

是的，我们想成为某种人，首先得知道这样的人是什么样子。我并没有想过自己会成为一名活动家，因为我从来不知道活动家是什么样子。因此，一直到我27岁才开始这方面的尝试。然而从其他方面来讲，我知道我在公开演说方面不会有任何问题。我是中产阶级，拥有剑桥大学文凭，因此我一直认为我一旦从事公开演说，便会有听众愿意倾听。而我现在学习的对象，更多的则是女性活动家。[安西娅·劳森（Anthea Lawson）]

你的生态系统是否反映了未来最好的自己？

回想一下第三章中有关未来最好自己的可视化练习（你现在仍在练习，对吧）。或者最好是现在再重新做一次自我发展可视化练习。

问自己如下问题：我和谁一起外出，我向谁学习，我身边有什么人，我与谁相处？

由此你获得什么认识？对于你的人际关系图，你需要改变什么？你可以再如何拓展你的生态系统？

> 💡 **示例** **扩展我的生态系统**
>
> 大约在五年前，我突然意识到我的职业生态系统里充斥着与我相似的人组成的小圈子，他们都是我以前的工作联系人和客户，而并没有呈现出一个未来的"我"。于是我意识到自己应当学习多元女性主义，在平等方面改进自己。
>
> 我决心采取一些有意的行动。于是我雇用了一位年长的女性主管。我联络并参加女性作者的新书发布会，倾听她们的故事，学习她们的经验。我付费参加教育项目，更新我的阅读书目［以及网飞（Netflix）上的节目观看列表］。
>
> 我离开了之前的咨询顾问人际网络。尽管这一网络中有很多和我志同道合的人，他们给我提供过大量的支持。我选

择联络女性为主的群体。与我之前的圈子相比，这些群体的成员在年纪上更加分散，身份上主要是非中产阶级群体。

我在寻找团队成员、协作对象和联系人方面，刻意寻找与我不同的、拥有广泛的生活体验的人群。这使我所倡导的多元、平等、包容的顾问工作，以及我的个人生活都得以延展、深化和丰富。

我有意变革自己的人际关系，在一系列缓慢、稳步、有意之举的作用下，我的职业生态系统现在变得与以前非常不同。

你值得获取支持

你有自己的才华、观点、新见解、经历，你在职场中展现的是独特的自己。这样的你值得被支持！想想谁能为你提供指导和帮助？谁是你的角色榜样和真正的榜样？谁支持和拥护你？

回馈他人

在第六章中，我们检视了我们的特权，探讨了我们可以帮助、指导、提升谁和放大谁的声音。

检视自己的人际关系生态系统，思考我们的导师和榜样是谁？你可以花一些时间想一下这个问题。你又对谁发挥了榜样、激励、感召、指导的作用？你未必能够意识到，但你却影响着哪些人？受到你潜移默化影响的人可能比你想象的更多！你现在在从事什么工作，你展现给世界的是什么样的形象，你呈现出的自我形象会成为其他人的目标和榜样。

让我们思考一下什么时候以及怎样"回馈他人"，如何为他人提供资源，以及如何为他人树立榜样。

有关自我激励，在此有必要专门做一下说明。自我激励，即起到先锋带头作用，并自己给自己加油鼓劲。榜样行为具有重要的示范效果，能够对他人产生巨大的影响。在某些时候，我们还需要准备好拿起接力棒，朝着为我们的下一代塑造新的现实的目标方向奔跑。有时候我们自己便是自己的行为榜样，我们应该对此感到异常欣慰。（达维妮娅·汤姆林森）

期待他人和我们以同样的方法做事是不现实的，但这并没什么。我习惯于将关注的焦点放在我可以从他人的方法和行为中学到什么。某些行为榜样的做法有时也会让我感到失望，我也喜欢他人对我的做法表示赞许，喜欢他人对我有所期待。有时在行为榜样"让我们失望"（通常是因为我们看到了他们真实的一面）的时候，我们会因此而坚信没有人"真有那么好"，或者没有人能真正做到表里如一，进而陷入深深的失望不能自拔。然而，事实上，随着我们积累更多的知识和能力，我们愈发容易对我们敬仰的对象感到失望。（克里·贾维斯）

支持＋问责制＝变革者的魔法！

社会让女性习惯于竞争和比较，因此，瓦解这一压迫性系统的方法便是我们彼此间的协作、互惠和结盟。我们可能不太习惯与其他女性缔结情谊、彼此团结，这是因为社会文化的制约作用，让我们并没有习得这样的能力。因此，我们需要忘却旧的模式，有意识地运用新的方法。

支持与问责对于变革者来说是神奇的魔法。我们需要这样的空间，在这个空间里，我们坦然面对自己的职场影响、需求、欲望、挑战、失败、绝望，以及感觉无助的瞬间；在这个空间里，我们无须业绩突出，也无须成为领导者、专家、给予者，而是可以成为接受者和学习者；在这个空间里，我们为自己的成长、进步和学习负责，同时我们也接受挑战；在这个空间里，其他人不会因我们的才华、上进心或力量感受到威胁，而是能真正帮助我们成长和发展。

然而事实上，我所认识的变革领导者很少拥有上述的空间，让她们得以顺利"进行变革工作"。她们一方面拥有变革的力量，另一方面却面临诸多的困难。她们并非我们所想象的那样，对所有问题都能游刃有余。

如果你希望持续从事领导和变革工作，我们全书都在探讨这一话题，那么你便需要从你的人际关系生态系统中得到这种支持。

第一步，在自己的生态系统中查找一下，身边是否有某些人，可以定期为你提供支持和督促；是否有某些人，与你志同道合？请使用以下反思点帮助你思考这一问题。

💡 **反思点**

你需要从身边获得什么样的支持，以帮助你在变革工作中对自己问责？

你可以从哪里获得支持——在哪里你能够强烈感觉到被关注、倾听和联系？

你在哪里能够同时获得与给予？

你如何保持对自己问责？你的变革领导力是否受到足够的挑战？

你如何有意识地发现、创造、维系各种联系？

你下一步最好做什么？

拓展你的生态系统——如何找到支持者？

如果你希望建立某种特定的人际关系，尤其是某种特定的友谊，那么就着手创建这种关系！

我对于创建个人生态系统和关系网络有清楚的认识，我意识到不同的人和不同的人际关系会给自己带来不同的收获。

以下是我的一些个人经验：

● 我发现在自己居住的社区没有熟络的关系，希望同他人建立更深的友谊。因此，我创建了一个小型联谊团体，一年安排六次聚餐，这使我得以与另外的三对夫妇保持联络。

● 在我孩子还小的时候，我创建了一个女孩之夜团体，给妈妈们一个空间，我们一起欢笑，一起聊天。

● 我与人共建了一个定期举行的"边走边说"家庭聚会，大家走到户外，共同进行有关心灵的探讨。

● 我创建了一个小型女性辅导小组。

● 我与人联合创立了现在的公司，并且喜欢这种合作方式和伙伴关系。在我的联合创始人离开公司以后，我知道应当如何重新处理彼此的关系。我同时深知，应当探索建立新的协作性、创造性、拓展性关系。

● 我与同行一道，建立了一个行动学习小组，该小组涉足咨询、组织发展、领导力开发、职业培训等行业。

● 我建立了一个商业智囊团，现在它已经成为我的变革智囊团。

这就是我拥有的超能力！你也会找到其他最适合自己的方法来创建更多你想要的关系。

我能见到奥巴马吗？

我在领导力工作坊会开展这样一个练习，这一练习是基于 5-7 度分隔理论设计的。我们在一个实体房间（甚至是 Zoom 或微软 Teams 线上视频房间）开展这个练习时，会为发现我们所拥有的强大资源和关系感到惊讶。这个练习告诉我们，每个人都有可能和任何自己希望的任何人取得联系。

我们从"你想见到谁？"这个问题开始，再进一步"看我们能否见到他们！"

我们的工作坊讨论中出现过奥普拉和纳尔逊·曼德拉，最近还常出现奥巴马家族，提及比较多的是米歇尔·奥巴马。

现在我们问这样一个问题："你认识的谁有一定的社会关系？"我们从这间屋子认识的人开始，每个人都贡献自己的观点，在此基础之上建立一个流程图。

然后再问："你认识的人认识别的人吗……他又认识别的人吗……？"是的，这里会出现一些飞跃，（"我可以联系上她……也许她可以介绍我认识她的联系人……"）

我保证，我们绝对可以找到与奥巴马家族建立联系的方法。我们每次都能成功，毫无例外。

💡 示例

三年前，我列出了一份我认知所及的所有女性清单（主要是通过 Instagram 和领英这样的社交媒体进行了解），我想与之建立联系。这些女性让我崇拜，让我畏惧，其才华让我敬畏，我想向她们学习，想与之为伍，想吸收她们的能量和智慧，我发现自己为她们所吸引，希望接受她们的挑战和激励。我还思考了哪些女性我可以提供帮助，并希望成为她们的支持和问责制生态系统的一部分。

我将她们按名字逐一列出，然后把这个清单放在了一边。几个月后，我再次找到这份清单，并注意到我的大脑已经开始思考如何与每个人建立联系。

我最近再次查看这份清单时，发现每一位女性都在我的关系生态系统中与我更加接近了。要么是我帮助过她们，要么是她们以某种方式帮助过我。我要么直接见到过她们，要么与她们合作过，要么她们是我的智囊团成员，要么我是她们播客的嘉宾，要么我邀请她们参与了本书的编写。在某些情况下，我们仅仅进行过单次交谈，分享过一些资源，仅此而已。而另一些情况下，我们彼此深入交谈并保持朋友联系。还有一种情况，我曾经认为我们可能不会一起共事，但发现自己现在在给她推荐客户，并需要她的个人关系。几年前对我来说似乎遥不可及或完全陌生的女性，现在却成了我的同行和朋友。

一旦我们有了这种意识，我们的头脑就会开始努力寻找方法。这就是"意外发现"（还有互联网算法）的原理。你想买一辆电动汽车，然后便开始研究各种选择，突然间你开始看到到处都是电动汽车。我想扩展我的优秀女性生态系统，我围绕它设定了一些目标，我的大脑就打开了有关我的可能性的思考，我开始看到获得联系方式的机会。

我现在需要一份新清单！

上面讨论了有关建立个人联系的能力。请使用以下反思点来帮助你。

💡 **反思点**

创建你的变革灵感清单。你想向谁学习？谁能为你打开机会之门？

你如何通过拓展个人联系实现个人成长？

你想为谁提供支持？你想给予谁帮助？你能如何提升其变革工作影响力？

_____

_____

让我们更进一步，让你的大脑向你展示能够与某人建立联系的方式，或者其他可以帮助你建立联系的人际关系。就像上面的遇见奥巴马练习一样（见表7-2）。

表7-2　拓展你的生态系统

我想见到谁？	我认识谁可以帮我建立联系？	他们在哪里？	与他们建立联系的方法

每周或每月留出一些时间来拓展自己的生态系统。回想一下第三章中的目标设定力量练习，你的"我今天想有所进步的一件事"可能是：

● 我会联系 X 并请求成为她的播客嘉宾。

● 我打算在领英网上与 Y 联系，并与她分享我的白皮书。

使用第四章中有关"找到人生目标"的练习，帮助你"找到支持你的人"。发现你好奇的事情、让你愤怒的事情和你能提供帮助的事情，在持续拓展生态系统的过程中，你还将有其他发现！正如霍莉·惠伦（Holly Whelan）在接受我的采访时所说，"让我们互相激励，共同实现伟大的成就"。我们现在探讨的是如何建立互惠关系，以及如何为他人提供帮助。

许多担任领导者的女性可能都会陷入指导和帮助他人的

困境，感觉自己没能得到回报。我发现自己经常处于这种情况。我最希望得到的支持是有条件的、慷慨的、多元交叉的和诚实的。

我所维系的互联网小圈子对我具有极大的支持作用。在那里有数以百计我未曾见过面的女性，她们因我的成就而感到高兴，就好像是她们自己取得的成就一样，这对我来说意味着一切。这对我极具价值，并让我保持动力。

针对任何希望建立这样的支持网络的人，我的建议是要有耐心。十三年以来，我一直在努力尝试并吸取教训。人生而是自私的，然而共生关系却可以发挥良好的作用。这就是高度诚实的人际网络的美妙之处。

愿意合作和分享自己所知道的一切是我们在工作和生活中的竞争优势。我们的力量便是彼此团结。[劳伦·库里（Lauren Currie）]

你清楚地知道什么是自己愿意做的（参见第四章和第五章），进而将其传达给自己的人际关系生态系统，这样做能够极大地方便你的生态系统帮助你，为你推荐你需要的关系人。生态系统从而开始发挥作用。

持续的人际关系能带给我们什么？

我在我指导过的许多女性（也包括我自己）身上，都发现一种与其他女性建立亲密感、归属感、团结感的强烈渴望。女性领导者也同样有可能正经历明显的孤独感，甚至是孤立感。

此外，还有许多人对亲密关系和联系感到恐惧，这是她们过去痛苦经历的后遗症。许多女性因为之前在与其他女性的关系中受到伤害，因此无法摆脱这种痛苦。

我的客户及我的变革者访谈对象都曾与我谈论到这样的经历。在遇到志同道合之人时，我们为之"倾尽心力"，却受到伤害、遭遇失望，我们因此退缩，感到期望或恐惧蔓延，我们不再希望在未来与他人建立深层次的联系。在新冠疫情全球大流行期间，我曾与数百人，甚至数千人跨屏幕连接，帮助她们应对疫情封锁期间的退缩与空虚。

请记住，作为女性，社会让我们习惯于稀缺、竞争、比较，而并非协作。上述特点为我们所处的系统服务，使我们分裂，让我们不善于合作和相互激励。如果我们在系统中拥有特权，我们的职责便是瓦解这一系统，并共同创造新系统。在当前的系统下，我们如果不有意识地疗愈，便不可能建立起姐妹情谊。我们需要做到忘却、发泄、宽恕、重新学习、重新建立。

本章小结

在第七章中，我们探讨了如何为他人提供便利，以及如何成为他人的行为榜样；讨论了我们不可能成为我们没有见过的那种人。在此基础之上，进一步探讨了如何更容易地提升关注度，可以寻求谁的帮助，如何加速构建自己的人际关系生态系统，并同时做到"回馈他人"。

在第六章围绕竞争和比较的讨论的基础之上，我们进一步探讨了关于协作和结盟的话题，提出支持和问责制对于作为变革者的我们来说是神奇的魔法。你已经完成绘制自己的生态系统地图，并了解到如何找到自己的榜样和支持者。

在第八章中，我们将探讨如果你无法在谈判桌前获得一席之地又该如何，当我们觉得自己无法进入权力空间时，我们有哪些选择，如何创建"新的谈判桌"，以及我们如何参与共建新系统。

💡 **复习 反思点**

对你来说本章最重要的是什么？

你找到自己的支持者了吗？

💡 **变革进度 + 行动记录表**

● 这是我正在尝试的做法。

- 这是我注意到的现象。
- 这是我接下来的努力方向。

💡 自我肯定

"我很有价值。"

"我有能力、自信、有创造力。"

"我比自己想象的要强大。"

"我的声音清晰而令人信服，我用它来说出我的真实想法。"

"我在得到关注的同时感到很安全。"

"对我来说，讲述自己的故事让我感到安全。"

"我可以找到自己的支持者。"

"我将攀登而上。"

访谈录

劳拉·谢尔德雷克是"寻找和绽放"平台（Found & Flourish）的演讲人、导师和创始人。"寻找和绽放"平台是一个面向商界女性的在线会员、媒体和活动平台，该品牌的合作商包括《企业家创业公司》杂志（Start-ups Magazine）、万事达（Mastercard）和奔富酒庄（Penfold）等。劳拉曾登上

《福布斯》和《嘉人》杂志，并因其在网络女性企业家运动中的贡献被评为 2020 年英国 100 位女性商业领袖之一。还被《企业家创业公司》杂志评为 2020 年最具影响力的女性创始人之一。

她以让创业女性更方便开展业务并减少其孤独感为使命。生育并与孤独感斗争的经历，让她决定创造一个在自己踏上母亲和创业的新旅程时所渴望的安全和培育空间。通过社群和协作的力量，"寻找和绽放"平台使女性能够提升技能、获得联系，并真正实现自我发展。

我与劳拉探讨了她的变革工作，她如何保持韧性、协作，以及姐妹情谊的重要性。

我是一位变革者，因为我挑战现状，我不知疲倦地为可能被低估或被忽视的人群创造一个安全的空间与平台。我热衷于帮助女性拥有知识和信心，在一个压迫较少、重视企业培养和鼓励女性特质的社会中，创办和建立有影响力的企业。我正致力于建立一个企业和平台，我希望我可以通过这个平台建立起自己的第一家企业。

我想创造一个安全和培育性的空间，让女性拥有自尊心，让每一位女性都能展现完整的自我。我们接纳差异并鼓励多元化的思想流派。

（1）关于韧性。对我来说，韧性便是恐惧和失败无法阻止你完成自己正在进行的工作。在新冠疫情期间，我变得更具创新精神，我对自己的能力充满信心，并意识到内在韧性的真正力量。我获得韧性的做法是阅读、收听播客、定期休息，并让自己的大脑去做一些不涉及工作或使用笔记本电脑的事情。另外就是仁慈和宽恕，这一点我从未亲身实践过，但现在它却是我度过艰难的疫情时光的唯一方法。我花了三年时间践行目前的生活方式，我不确定自己是否能够回到从前的状态！我现在每天工作 4~5 小时，而以前每天工作长达 18 小时。这让我有时间恢复体力，进行创造性的思考，并清晰地而不是带着恐慌去计划自己的下一步行动。

（2）**找到自己的变革贡献点。**与他人交谈，与激励自己的人交谈。发出自己的声音，这是学习如何改进自身话语权的唯一方法。勇敢地说出自己讨厌或热爱的事物。正是这样的勇气，让我们知道自己是谁，是什么让自己每天兴奋并充满动力。有些人穷其一生，努力适应环境，结果却错失发现自己的机会。我们要勇敢地脱颖而出，接受自己的不同，知道自我坦诚的重要性。我们没有必要非要和别人一样！

（3）**关于合作和姐妹情谊。**如果我没有多年来的合作和伙伴关系，便无法取得任何当前的成就。从内容的提供到活动的举办，一切都是通过与他人合作才得以完成。

（4）**关于应对职场中的偏见和障碍。**直至离开媒体行业，我一直感觉在这个行业工作异常痛苦。我时常感觉自己处于一场紧张又无意义的竞争中，而这场竞争由那些厌恶女性的男人所主宰，其中许多人粗鲁无礼。我花了数年时间在厌恶女性和性别歧视的职场工作。大多数时候，由于自己的天真，我忽略了这一方面，但我最终感到筋疲力尽、倦怠不已，甚至永远离开了企业界。

这样的情形真的有一段时间让我完全无法工作。我想"是它吗？它是我应该追求的目标吗？"我在媒体行业期间，缺乏女性榜样，而我最终唯一与之共事的女性上司是公司的首席执行官。这是一个有害的环境，在这个环境中，女性过度劳累而不受尊重（即使从行业标准来看，这一行业的从业人员能获得相比较为丰厚薪酬）。

我掌握权力的方法，便是自己成为自己的老板。我赚自己想赚的钱，与自己喜欢的人一起共事，做对自己重要的事，感觉自己对工作产生了切实的影响，我按自己的意愿安排工作时间，让自己的生活方式能够同时照顾不断壮大的家庭。

第八章

变革影响：齐心协力，构建自己热爱的变革生活——持续变革而不倦怠

我们不能改变我们面临的所有问题，然而如果根本不去面对，便无法做出任何改变。

——詹姆斯·鲍德温（James Baldwin）

本章建立在前面章节的基础之上，是全书的总结。第一章、第二章和第三章中探讨了自我意识、领导力和韧性基础，第四章和第五章探讨了全身心肯定和努力实现目标的实际做法，在第六章中探讨了系统意识，第七章探讨了提升关注度及构建人际关系生态系统的方法。

本章将讨论我们可以如何影响变革，以及如何从个人、团队和系统层面瓦解系统。还将讨论在无法进入权力空间时的应对策略，以及如何参与共建新系统，以及变革者要如何长期保持希望

与同情心。

本章的结尾将回顾你的惊喜和收获，以及讨论接下来我们可以做什么。

重新思考职场世界会是什么样子？

> 我们想要的不仅是包容，仅有包容是不够的。我们不希望身处一个不平等、不公正的社会。如果我们拒绝贫困，这就意味着我们不想被重视利润而不是人性的资本主义体制所遏制。我们需要具有更为广阔的革命观念！［戴维斯（Davis），2017］

在所有的人类系统当中，有些人拥有权力、机会与声望，同时也有人遭受系统性压迫。我们所处的职场系统都奉行能力主义、性别歧视、父权制，这些职场系统的形成不是以我们的利益为出发点，不是为了促进我们的发展，而是为了维护当权者的利益，为了彰显他们的才华、睿智和价值，维系他们的利益与权力。

摆脱内在压迫的方式之一，通常是意识到社会系统并非是存在即合理的，我们并不是生来就应该被排除在利益群体之外，我们可以进行选择。除此之外，我们还应当相信，我们值得生活在更为合理的系统之中！我们可以重建从我们的利益和需求出发的系统。我们要做的不仅限于对当前的系统进行细枝末节地修补，以便让系统对非特权群体更为友善。有很多人努力地进入系统之中，却全然未能为瓦解系统做出任何贡献。

新冠疫情告诉我们，在需要的时候，我们有能力做出巨大变革。新冠疫情期间，数以百万计的人迫于巨大的经济或政治压力，在短短几周之内便适应了在家办公。

一种新的范式即将到来，而我们正处于这样一个风口浪尖。我们正在重新思考新的工作和生活方式，这种方式将更为适合所有人以及人类赖以生存的地球。我们得以开始重建系统。而由于人与人之间的相互关联，上述思考必须以相互关联和系统性的方式进行，考虑人类的整体生活及其影响。这需要一定的意向性。让我们构建梦想！让我们采取行动！

英国残疾作家凯茜·雷伊（Cathy Reay）在分享自己观点时也谈及这一愿景：

> 企业会这样说，"公司残疾员工数量仍然不足"。而我对这样的说辞却感到不胜其烦，说的好像公司的无能是我们的错。我认为如果你是公司老板、董事、董事会成员或人力资源部门工作人员，那么你便有责任常态化地同每一位员工进行交谈，了解他们的需求……从最开始就开展对话和进行必要的调和，而不要等到事情发生才想起来。"要改变的地方实在太多了"，这种想法已经不再有益。要实现员工的多元化，就需要付诸行动。

在与我的交谈中，阿里·卡拉瑟斯（Ali Carruthers）说道，"梦想就是远见卓识，就是尚未照进现实的目标，而重要的是我们已经拥有了梦想"。塔姆·托马斯也曾聊到对于未来的重新想象，她说"我一直在实验，在探索，在摸索。而这一过程便是重新想象，便是记忆和再记忆。这是人的生物特性。社会让我们习惯于相信自己需要去理解，相信我们需要先看到那一块块真切的拼图。我所说的重新想象，指的是我们的感受。我们相信我们需要梦想，然而梦想更多地反映我们自己切身的感受。"

复杂的系统性变化

有关职场公平、社会和环境方面的问题，直接关乎社会公益和社会改良，非常棘手而难于解决。要解决上述问题，需要进行诸多方面的改革，需要多方利益相关者以不同的方式参与进来，开展复杂的、多方面的、联合的变革。从来就没有一蹴而就的解决办法（否则所有职场和其他问题都应该业已解决了）。

我与《旅行者》（*Wasafiri*）杂志常务董事以及复杂问题解决方法创始人凯特·辛普森（Kate Simpson）博士进行了一次交谈，她说道："复杂的问题是以非直观的方式呈现的，这意味着我们需要花费时间去深入了解情况及其成因，而不仅是事情的表面，否则我们充其量能略微改进现状，或者更可能的是使问题雪上加霜。"

记住自己是一个变革者！

我们可以从个人、团队和系统层面考虑如何着手变革（图8-1）。

图8-1 个人、团队、系统

你是催化剂！能够决定自己影响的深度和广度。你在个人或团队层面利用自己的影响采取行动，可以带来更为广泛的文化、结构、系统，甚至社会层面的变革。而一旦个人变革演变为集体变革，你便获得了集体力量的支持。你的力量远超自己的想象！

举例：

● 缩小薪酬差距究竟是谁的职责？只是那些受到影响的人吗？不！在职场系统中享有特权的男性（以及其他符合社会主流文化的人）都应当站出来！为了缩小由于性别原因产生的薪酬差距，我们必须支持女性的个人努力，让她们有信心要求加薪，获取更多关注，并获得晋升机会。但这还不够。管理层应当支持弹性办公，并且在晋升和重用方面改变其一贯的偏见。在团队层面，需要创设让女性感到心理安全的职场，消除针对特定群体的偏见和阻碍。在职场层面，要公开不同性别群体的薪酬水平，增加透明度，这样有助于缩小薪酬差距。在结构层面，组织机构应当在岗位聘用、员工招募、绩效评估和人员晋升方面，消除性别差异。在社会层面，企业应当上报薪酬差距。所有这些因素都将促成我们最终希望看到的结果。

● 在英国，一名警察谋杀了一名妇女，这引发了全国上下的强烈愤慨，以及对女性外出安全的关注。确保女性安全固然重要，然而单单解决这一方面还远远不够。警察部队需要解决的还有文化和程序方面（包括文化、系统、结构层面）的问题。这一事件同时也折射出我们的文化对系统性暴力和厌女倾向的容忍。门罗·伯格多夫（Munroe Bergdorf）这样写道，"因受到与边缘化人群相同的对待而感到的恐慌，植根于其享有的特权"，"我希望通过以上讨论，这个社会能开始意识到，保障社会最边缘群体的权力、利益和安全，也是在维护我们每个人的利益"。

● 每年在世界自杀预防日，我们都会试图增进人们的认识，帮助人们懂得心理治疗和心理健康的重要性，但这仍然不够。我们需要致力于改进的，还有人们所在的系统和结构，这些也是导致自杀的因素——如贫困、经济紧缩政策、债务以及紧张的夫妻关系。

那么，在系统的个人－团队－系统层面，我们能做些什么呢？

我们需要做的是挺身而出，勇于介入，动用自己的影响力！

如果你是职场和组织机构职员，那么你可以与自己所在的团队开始沟通。你可以提出问题、索取数据、要求你的上级做出改变。我们从自己的行为开始，就我们预期达到的目标发挥榜样示范作用，然后吸引同伴加入。找一个相互问责的同伴，以保持自己的动力。

如果你是管理者，那么就先与下属沟通，要求下属符合某种行为规范，建立责任制度，并从团队层面推动该行为的普及。你可以与你的上级、公司的人力资源管理人员交流，可以为公司的员工资源组提供帮助。如果公司没有员工资源组，那么你可以建立一个！我们可以在这方面给自己加压（"能在压力下工作"也是系统欣赏的一个特点）。

在更广泛的社会层面，我们能够做的是投票、给国会议员写信、参与竞选活动、组织或参加游行、参加选举。我们可以为我们关心的事业捐款、捐物、做志愿服务、做慈善机构的受托人。我们可以选择在哪里消费、储蓄和投资我们的钱，同时需要考虑道德和环境因素。

让我们重新思考职场世界会是什么模样。

找到你的利益相关者

在你所在的职场系统中，谁会影响变革？谁掌握了这种权力?

凯特·辛普森强调,系统一直在发挥作用,"而问题在于它维护谁的利益,维护怎样的利益"。当我们说"系统失效了"的时候,实际上是我们对系统的力量视而不见,而通常我们一旦弄明白系统维护的是谁的和怎样的利益,便会意识到系统的力量。

思考一下,你的利益相关者都有谁。他们以什么为出发点(他们对于你希望实现的变革的意愿或开放度如何,他们拥有什么样的权力和影响力),你希望他们能有何种转变。还可以具体构想一下他们的兴趣、动机和愿望。如果你无法回答上述问题,那么请留意,你可能陷入了假设性思维。进行上述思考有助于深化我们的认知!

你如何才能引起利益相关者人群的关注?你如何接触到当权者,让他们参与你的变革事业?你认识什么人,谁能帮助你?我们需要回到前面的人际关系生态系统地图(第七章)。

人人都能有所贡献

在我从事电子数据交换咨询服务的过程中,我大量与高级管理人员打交道,而其中通常大多数是男性。我感觉自己花了大量时间用于影响那些对于其他人群心存抵制的中年男性。他们(其中有一些人)开始接受我的思想,表现出愿意以谦逊的态度聆听其他群体生活经历的意愿,并且开始对其他群体提供支持、指导,并与之"结盟"。这是一个巨大的进步，因为这会引起文化和系统层面的变化。

这就是为什么我们每一个人都可以为推倒阻碍之墙贡献一己之力。我们每个人都着手开凿，每个人都施展自己的影响。我们如果拥有特权，就利用自己的特权来瓦解系统。

在我们拥有特权的领域，我们利用自己的声音，大声疾呼，挑战权力结构。同盟关系指的是并不直接为了自己，而为了提升边缘群体利益所做的努力。欢迎所有人都参与进来（你不一定要成为变革领导者，你只需要展现自己的影响力，追随变革领导者即可）。

我们都是变革的受益者！

就缩小性别工资差距、提倡灵活办公、降低儿童保育费用和保障生育权利——男性也要大声疾呼。就保障残疾人的权益——体格健全者也要大声疾呼！

而这些局部的变革将会带来更大的社会结构和系统层面的变革。有关针对妇女和幼女的暴力犯罪——男性不要再说"不是所有男性都这样"，而是要呼吁抵制这种暴力行为，从行为上成为包容领导力的榜样！关于堕胎权——男性请大声疾呼，女性获得生殖保健对你也是有益的。关于气候危机——我们都需从小事做起，行动起来。

> **示例**
>
> 如果男性不挺身而出，不利用自己的特权，保障女性群体的权益，我们会感到深深的沮丧。我的经历让我拥有了更多（多那么一点点！）的同情心和意愿，让我耐心地推进变革，让我更为通情达理，更具同情心，更有耐性……
>
> 我所从事顾问工作的环境，是一个由男性所主导的系统，在这个系统中，我常会对自己变革努力的进度感到不满，也会感到愤怒和沮丧——"他们为何总是不能明白？！""他们为何不看研究报告！"这时候我会提醒自己，想想自己一路走来的历程，提醒自己要拥有成长型思维，有同情心、同理心，才能持续进步。

面对阻力，如何应对？

我们需要动员每个人都参与变革事业吗？答案既是肯定的，同时也是否定的。

知道阻力来自何处、何人及其背后的驱动力，这对我们非常有益。凯特·辛普森提醒我们道，变革的阻力通常告诉我们"并非哪些东西没有作用，而是哪些东西正在发挥作用"。系统的哪些方面维护的是那些拥有权力和特权的人群？在你规划战略、战术、行动和进行沟通时，这些都能给我们提供有用的信息和视角。

然而你需要花大力气去说服他人吗？我觉得不需要。你需要暂不启动或暂停变革工作，直到所有人都被说服参与进来吗？我认为绝对不是的。

适当助推能让变革更可持续

人类本身便是习惯性的动物，我们很容易也很快便又重新"回到"我们所熟知的习惯当中。适应新的行为习惯会比较困难。我自己的经验告诉我，想要在组织结构内实现系统性变革，需要管理人员和领导者进行适当的助推。或许你自己或你的女性互助团体中的成员都可以成为助推者的一员！

我和我的同伴在一个由男性主导的系统中工作了两年。曾有一位高级管理人员与我们分享了他在自己的业务领域第一次觉察到自己的偏见和微歧视的情形："我以前没有觉察，也并不相信，我觉得这样的事情一定是发生在别的什么地方，不会发生在我这里，我们不会是这样的！然而现在我认识到在我工作的领域确实存在这样的情况。我没有察觉，并不意味着这些情况就不存在。我同时还认识到我自己是如何助长了这种不包容的文化。现在我真的察觉到了。"

现在他在审视自己的特权，改变人员招募的惯性思维，招募更为多元背景的成员进入自己的团队，并和团队成员一道，致力于建立一种让每个人都感觉心理安全的团队文化。

这是多么让人惊讶的变化！**并且**在接下来到现在的两年中，他的团队成员也在进一步影响和助推其他人——这便是我们想看到的！

如果我们在权力之桌上没有一席之地

如果我们感到自己无法进入权力空间，可以做些什么？

或许你觉得自己无法，也不需要在自己所在的组织机构权力之桌上拥有位置。又或许对你而言，权力之桌大门紧闭，阻碍和逆风倍感强烈。

你也许已经意识到自己所处的职场环境是多么不友好。你试图从内部进行变革，却倍感艰难，你觉得这一职场已经不再适合自己。也许你正选择离开当前的职场。

在这里我想再次引用蕾拉·侯赛因博士的话：

如果你感觉在工作中难以保持韧性，如果主流文化过于强大，那么我有什么建议呢？每个人的情况不尽相同。我建议首先判断这种不良情况的程度。如果你感觉所处的职场环境异常恶劣，使你无法正常工作，那么我的建议便是选择离开。

不过我自己的经验是，要学会寻找"盟友"。我们要找的"盟友"和我们不在同一个职场环境，但却能够支持我们留在这一职场。例如，我的一位友人近期组建了一个群聊小组，小组的成员是非洲裔女性首席执行官——我们的组织彼此独立运作，然而我们彼此分享日常，让我感觉自己并不孤独，"我不是一个人"！我们要去寻找与自己志同道合的人，我们有相似的观点、价值观和信仰。没人分享便会感觉孤独。如果这样仍然无法解决问题，那么你仍然可以选择离开，仍然有选择权。

你可能会感觉有必要开辟一张"新的桌子"，或者参与共建新的系统。多元、平等与包容组织负责人罗安·内德（Roianne Nedd）在同我的交谈中说道："我常常开辟新的桌子，我愿意在这样的桌子前坐下来，不仅是因为我并不能在现有的桌子上找到一席之地，有时候还因为现有的桌子或许并不适合我。"劳伦·柯里分享到，她不能接受预设自己（或者其他女性）无法在权力之桌上获取一席之地这样的前提，"我鼓励大家无论感觉多么不自在，都应该坐下来。只有做到了这一点，才能为更多人争取这样的机会，甚至在必要的时候破坏这场桌前盛宴。要与席上的其他人交流并展开对话"。

我们的希望量表

保持希望与保持劲头对于变革者和职场活跃分子至关重要。

如果我们自己已经疲惫不堪，甚至几近崩溃，那么我们基本上无法保持同情心。我并不是说要克服或拒绝自身的感受，而是在讨论一种休息、快乐、投入和健康的平衡。

老实说我自己的希望量表指数波动很大。有一些日子（或者时刻）我感觉异常艰难，而另一些日子却感觉非常轻快。

我们意图通过系统性变革解决的问题可能如此根深蒂固，如此纷繁复杂。我所接触到的客户通常期望找到自己的位置，知道自己可以通过什么行动来有所作为。在这里借用本书绪言部分我们所做的类比，你可能知道自己正站立于阻碍之墙上，而你正在着手开凿。有时候你会感觉彷徨、孤独、疲惫，有时候你需要持续站在自己的位置，逐渐推进变革工作。那么，我们如何应对变革过程中所面临的能量负担和需要的能量水平呢？

时常查看自己的希望量表——确认你还好吗？你可以做哪些你已经知道的练习来提升自己的希望？

相信本书有助于帮助你提升希望，并且能为你提供方法，以应对情绪量表的波动！

在阻碍之墙上寻找自己的位置，并对自己所能做出的贡献进行现实考量（参见第四章和第五章），维系我们在变革之路中的健康和韧性（参见第三章和第七章），然后在变革之路上迈出最好的一步。

我想要建立的世界需要我足够强大，然而我身处的压迫性系统却通过剥夺我的权力得以延续。我选择从削弱我权力的方面入手。我专注于能让我变得强大到足以着手变革的举措。（塔姆·托马斯）

是什么在消磨我们的精力和希望？

以下说法，无论是来自我自己的内心对话，或者是其他人对我说的话，都会消磨我们的希望。其中有哪些是你已经意识到的？我调动自己的内在智慧（见第二章），聆听内在智慧的声音，接受内在智慧的嘱托。下面便是我应对这些说法的方式。

"情况比以前更糟了，而不是更好了！"

这种感觉时有发生。随着变革步伐的迈进和即时新闻不断推送突发性（灾难性）新闻，人们很容易感觉身边的情况异常糟糕。往往情况还未改善，我们便已经过度放大其糟糕程度。而在我从事多元、平等、包容方面咨询顾问工作期间发现，当我们在组织机构内部"戴上眼镜"（见第六章），清晰地看到周遭光明四射的时候，也同时开始看到一些黑暗面浮出水面。

这是变革前必然经历的阵痛。从无意识和否认到有意识的承认，这一过程的确会让人深感不安。我时常提醒自己（和我的客户）要铭记本章开头提到的詹姆斯·鲍德温的智慧，以及马娅·安杰卢极具鼓励性的话语"我们了解得越多，便能做得越好"。我一直秉持这样一种信念，即历史的大趋势必然是向正义倾斜的，而我们正处于一个历史的转折点！

请使用以下反思点进行思考，当前已经有什么进展。

🔆 **反思点**

什么正在变化？

什么正在朝着积极的方向发展？

为朝着目标迈进的哪怕最小的一步而欢欣鼓舞！

_____

_____

"我所从事的工作让我（对于世上的不公正）不再感到如此愤怒，因为我感觉我每天都在贡献解决方案，而不是在制造更多问题。这种感觉非常好，尽管我现在做得还很不够。我认为我现在正走在一条朝着目标迈进的道路上。"（劳拉·谢尔德雷克）

"然而事情进展太慢了！"

我听到了这种声音。变革的过程有时会相当缓慢。在我首次认识到或者看到某件事情的时候，我自己也会非常不耐烦，心想为什么他们不明白呢？为什么他们不能再快一点！

在评价他人时，我必须深入挖掘自己的同情心（考虑到别人与自己的起点和步伐并不相同），容许他人学习（我自己也在学习），允许他人选择自己前进的时间和速度。不过是的，我也会推动他人前进！

请使用以下反思点，思考变革步伐的快慢对你有何影响。

💡 **反思点**

你发现谁精力充沛？

你发现谁正在变革之路上前行？

你在哪些方面可以与他人联合？

你发觉他人比自己变革步伐更为缓慢时，如何维持自己的变革心态？

_____

_____

这一点非常重要——人们或者按照自己的节奏进行学习和投入时间，或者不做任何投入，二者是有很大的区别的。因为没有人可以同时着手学习和变革这两件事情。如果他人正在进行学习，那么我们便保持希望，持续推动他们，同他们分享资源，支持他们进行学习和试验。如果他们正在从事变革，那么请你继续阅读下文！

"变革需要时间"

确实如此，但是我们不能这样想："我们像往常一样就好，因为变革是需要时间的，那么我们就不做努力了，总有别人会去做的。"相反，我们应该这样想，"让我们着手变革，从现在开始"。我们持续、坚定的每一小步，我们带来的每一个细小的变化，随着时间的积累，终究会汇聚成更大范围的变革。我们的变革目标，能够通过我们每一个细小行动的积累得以实现。我们可以做的事情包括：努力正确念出同事的名字；在谈话中不排除新员工，要让他们感觉到被接纳；对资历较浅的同事的工作予以肯定；用同事喜欢的称谓称呼他们。以上都是通过微小的举动创设心理安全的范例。如果你在自己所在的团队这样做，那么你便能够积极地塑造自己的团队文化。如果每个人都能始终如一的坚持，我们便能够得以变革整个组织机构文化。

并非所有人都具有相同的价值观，因此要动员他人从事我们所热衷的事业是非常困难的。资源并不会集中在我意图变革的领域，因此我总需要通过挑战现状来推进我意图进行的变革。我持续挑战过时的想法，持续提出基于充分研究和实证的方案和观点。我建立人际关系与相互信任。[露丝·林·黄·霍姆斯（Ruth Lin Wong Holmes）]

"他们为何没有察觉？为何他们抵抗变革？为何不进行变革？"

也许他们确有察觉，也许并没有。凯特·辛普森博士告诫我们，现状之所以存在总是有一定道理的。在我们的电子数据交换咨询这一变革工作中，我们共享数据，允许披露数据，推动并持续共享资源以支撑变革。我们评估自己的能量水平，如果仍然遇到抵制，我们可能会选择放弃。

请使用以下反思点，思考自己可能产生的影响。

> 💡 **反思点**
>
> 当前的现状维系的是谁的利益？
>
> 你的提案如何满足这一群体的需求？
>
> 对他们有什么好处？
>
> 你希望在什么方面产生影响——你付出这般精力是否值得？
>
> _____
>
> _____

"可是我只有一个人！我的任何努力都是毫无意义的"

我留意到我的一些客户常常会提一些比较宽泛的问题，他们问我包容性工作对整个行业，以及其他行业产生了什么影响，做出了什么改进。这并没有什么问题，我非常乐于同他们分享我所见到的变革进展，一些好的举措会让人感觉欢欣鼓舞。然而我也会听到这样的想法"我必须立马看到成效，否则我会觉得自己所做的努力并不值得"。这种想法背后的思维是，如果不能立竿见影解决问题，那么努力便不"值得"。持有这种想法的人需要回归到我们变革的"初衷"，思考变革为我们带来的好处，并且认识到我们的任何一点微小的努力都足以重塑整个文化。

如果你感到自己是孤军作战，感到自己的努力只不过是蚍蜉撼树，那么我想给予你鼓励，告诉你变革行动是值得的！是的，有时候我们需要重新组合和重新制定策略，往往我们需要定期休整，需要寻求他人的激励和支持（请使用以下的反思点）。花一些时间，利用以下策略，让你重新恢复能量（见第三章）。千万不要放弃！

💡 **反思点**

还有谁在和你做同样的事情，或者和你处于同一阵营？

你可以寻求谁的帮助，以获取激励与灵感，感受责任与支持？

_____

_____

我要提醒自己，我只是浩瀚变革大军中的一员。我一个人的贡献或许微不足道，然而全世界千万变革者所做的微小的努力汇聚起来，却能够产生实质性的影响。与志同道合之人开怀畅聊，或者像进行冥想一样，停下脚步，陪一陪自己的小孩，料理一下自己种的植物。（克里·贾维斯）

"可是我累了"

我能听到你内心的想法。变革工作可能让你感觉筋疲力尽。我喜欢班克斯（Banksy）对我们的提醒，在疲惫的时候，我们要学会休息，而不要轻言放弃。

回顾一下本书第三章，查看自己的韧性图，思考我们应当如何满足自己的需求。诉诸力量练习，休息优先，快乐为上。进而回顾本书第七章，持续构建为我们提供支持和进行问责的人际关系生态系统。同时使用以下反思点，思考应当如何度过艰难的时刻。

支持就是炼金术士们的相互扶助，这里我无须解释。就好像用一些充实灵魂的东西将自己包围——艺术、音乐、舞蹈。[迪·默里（Di Murray）]

我自己就是个狂热的乐观主义者，也是因为这样，我周围也聚集了同样凡事能看到光明一面的人。通过关注自我的身心健康，增进自我关怀，关注积极和感恩的事物，拥有成长型思维或者不断学习，我总能应对生活中的各种情况（无论是顺境还是逆境）。而我一向秉持的良好的习惯也同时给我带来丰厚的回报。有时候也可以适当给生活"减速"，不要总是那么拼命。也不是每个周末都需要用来实现工作目标，维护人与人之间的关系也非常重要。[菲奥娜·杨（Fiona Young）]

> 💡 **反思点**
>
> 增进有关韧性（第三章）和人际关系生态系统（第七章）的知识，思考并确定有哪些活动可以增进自己的可持续性，让你能更好地应对未来的挑战。
>
> 你今天如何提升自己的能量值？
>
> 你如何让自己在这个周末体会到快乐、乐趣、玩耍和欢乐？
>
> _____
>
> _____

选择成长型思维：你是否肩负了太多的责任？

在本书的第一章中，我们探讨了我们可以控制自己的哪些方面（习惯、行为、做事、说话，以及在某种程度上的所思所感），以及我们如何以变革者的身份去影响周围的人，比如通过行动、通过行为榜样作用，或者通过与他人交谈劝说他人参与变革。

然而仅此而已！你无法控制他人，无法控制他们的感受和做法。对于他人如何感受和做何行为，你不承担任何责任。你仅仅对自己的行为和感受负责，而其他人则可能是主动接受你的影响。

弄清楚这一点对我们的变革工作很有帮助。于是我们不再担负没有必要以及超过自我能力的责任。我们可以与他人保持更为清晰的界限。我们能够心怀同情，行事正直，而不是过度承诺，或心存怨恨。我们得以在变革工作中持续贡献而不至于让自己感到精疲力竭。

我们每个人都有自己在变革工作中所能发挥的作用。让我们清楚自己能够承担什么样的责任，我们可以做些什么来与他人一起，凿开周围的阻碍之墙。

调动你的变革才华！

在前面我们已经探讨了如何维持自身的韧性，并开展系统变革。下面总结的几条原则能够帮助我在希望量表值低的时候渡过难关，让我们在变革事业中持续贡献而不感到倦怠：

1. 意向性。更好地了解自己、自己的欲望、自己愿意做的事情，以及背后的原因。对自己宽容一些，给自己一些时间去开展变革，承认自己的人生会有季节节律或不同的阶段。

2. **自我关怀**。保持希望和同情心，允许自己和他人持续学习。

3. **保持进步而不务求完美**。从细小而并不完美的事情开始，务实前行，远比心存完美主义的理想而止步不前要好得多。关注微小的进步，为自己的每一次进步而欢欣鼓舞。

4. **找寻一些故事和生活经历**。这些故事和经历要能让你为之一惊，因为它们与你自己的经历太不相同。打破自我的回声室。找到自己的同理心和联系点——这样能够增进你为他人寻找空间的能力。

5. **如何面对波折**。遭遇波折是正常的。要告诉自己我也有没把事情做好的时候。深入调动自己的成长型思维，为自己能够学习经验而感到欣慰。依靠自己的人际关系生态系统。拒绝羞耻感。

6. **注意休息**。优先让自己保持精神焕发和精力充沛。找机会休息一下，不要轻言放弃。

7. **合理运用自己的愤怒、悲伤、热情和好奇心**。它们能点燃你的变革热情！

8. **多做自己喜欢的事情**。在日常生活中享受更多的快乐、趣味、惊喜、创造性和欢乐，会帮助我们精力充沛，恢复活力。

9. **结成姐妹情谊**。谋求团结，构建能够为我们提供支持和问责的人际关系生态系统。

10. 保持自身的影响力。 给自己许可！持续加油！

展现在我们面前的是一个全新的职场环境和生活世界，而我们每个人都可以主动融入这个世界。

我们可以团结起来，瓦解阻碍我们和他人前进的体制系统。我们可以团结起来，共建新的空间，而这个空间是为我们和我们周围的人而创设的。在这个空间中，每个人的尊严和价值都得到尊重，地球环境得到重视和关爱。

这个全新的职场世界（以及社会中的其他空间）会是什么样子，我还并不完全清楚。这是一个新兴的世界。而我们作为当前和未来的变革者，需要不断地对系统进行重生与重建。

我们可以从小处着手，从控制自己的身体和让自己忘却先前的方式入手。

这种全新的方式尊重人与人之间的彼此联系，主张自我的疗愈与其他人利益息息相关，认为只有全人类的自由才是真正的自由。这种新的方式关注集体疗愈和集体解放。这种新的方式让我们得以进入自己的身体，安抚自己的中枢神经系统，感受自己的呼吸，感受自己的情绪，尊重自己的欲望。这种新的方式关注疗愈和健康。这种新的方式致力于实现公平公正，崇尚人性，同时关爱整个地球的健康。

我便是为变革而来。

本章小结

第八章总结了能够支持我们在变革工作中持续前进而不感到倦怠的所有要素。

本章建立在第一、二、三章中讨论的自我意识、领导力和韧性基础之上，第四章和第五章中讨论全身心肯定和努力实现目标的实际做法，第六章中讨论系统意识，以及在第七章中讨论提升关注度及构建人际关系生态系统的做法。

我们已经探讨了如何在个人、团队和系统层面影响变革，并促成瓦解系统；找到了自己的利益相关者，也知道了如果自己不能进入权力空间该怎么办；讨论了如何为共建新系统贡献力量；也知道了如何调整自己的希望量表，以让自己在长期的变革工作中保持同情心和持续动力。

感谢你与我一起读完本书！

你已经学会关注自我健康，知道如何将力量练习融入自己的日常生活中，以增强自己的韧性和可持续性。

你已经了解了自己的内在认知、全身心肯定，以及自己的快乐所在。

你已经清楚地了解了自己的变革目标和变革重点，并找到了轻松保持自己认可的成功的方法，知道自己想要创建一种什么样的生活，以及能够为变革事业做出什么贡献。

我们也了解了系统是如何压迫我们，如何给我们造成阻碍，也学会如何团结，如何忘却旧的方式。我们还探讨了自己在系统中的角色，以及如何利用自己的特权，来瓦解和重建新空间。

你也已经知道了要如何构建自己的人际关系生态系统，建立合作关系和姐妹互助团体。

我们已经了解了可以如何从内部和外部同时努力，也知道了内外部努力如何结合起来，让二者都得以持续。你已经发现了自己的惊喜、收获，以及调动自己智慧的实用方法！

在本书中，我们探讨了人性丰富而复杂的内涵！我邀你一起深入反思，挖掘自己的内在努力，同时也鼓励你勇于变革，探索外部努力。请务必寻求专业帮助，或者职业教练的指导，以帮助你进一步理解和学习。如果你已经出现心理创伤，请务必向临床医师和治疗师寻求帮助。

你现在正努力开展变革工作而不至于感到倦怠。变革事业将是一个漫长之旅！

你很棒！我相信你现在已经感到精力充沛，感到激励和鼓舞，感到自己可以采取下一步变革行动。

> 💡 **复习　反思点**
>
> 本章对你来说最重要的收获是什么？
>
> 你将开展哪方面的试验？

💡 变革进度 + 行动记录表

- 我正在进行这样的试验（我在变革方面采取的行动）。

- 我注意到这样的现象。

💡 自我肯定

"我正在采取行动。"

"我正关注解放、疗愈和团结。"

"我正在瓦解不再维护我们利益的旧的系统。"

"这个空间为每个人都提供机会。"

"我正在忘却旧的方式。"

"我正在试验新的方式。"